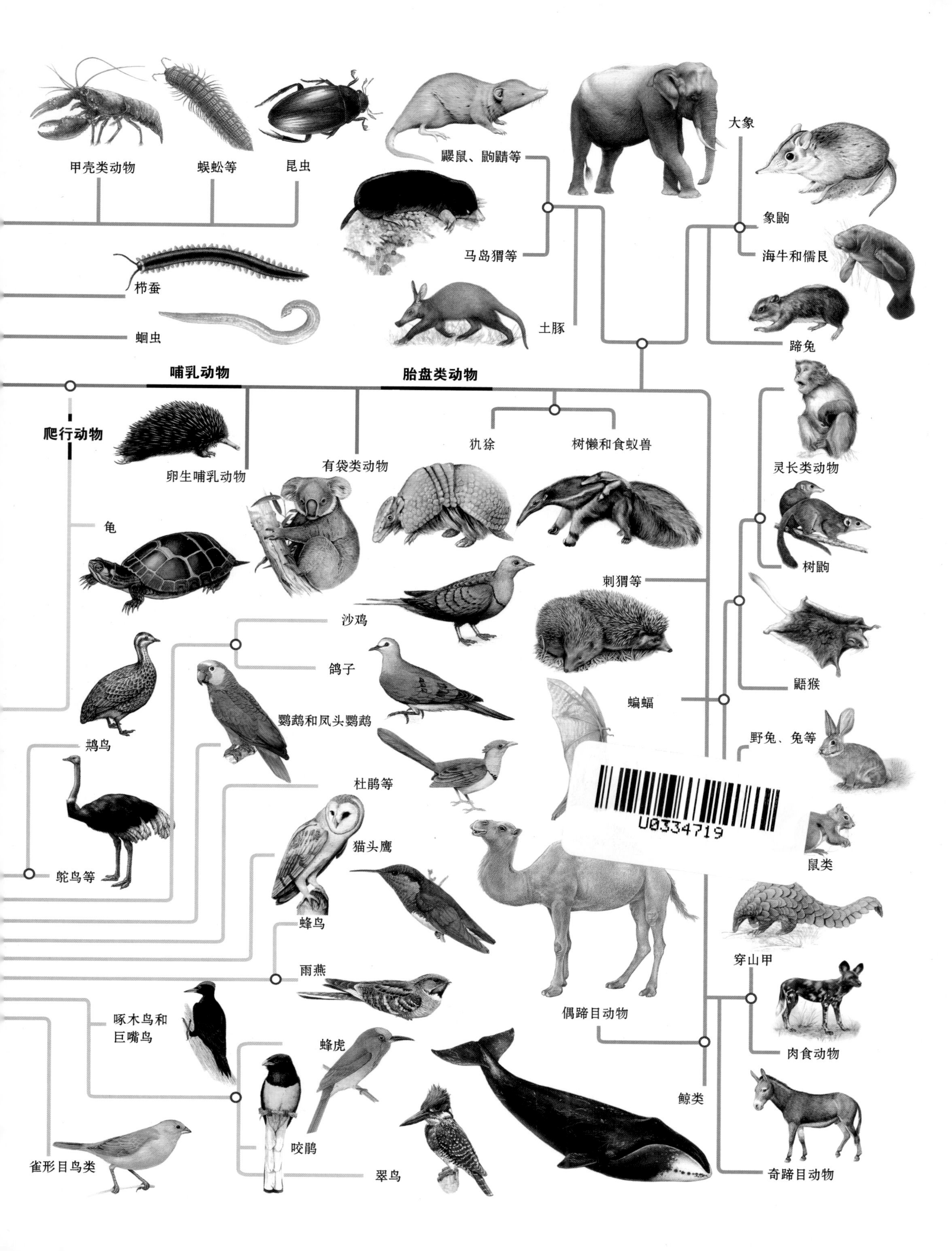

甲壳类动物
蜈蚣等
昆虫
鼹鼠、鼩鼱等
大象
象鼩
海牛和儒艮
马岛猬等
栉蚕
蛔虫
土豚
蹄兔
哺乳动物
胎盘类动物
爬行动物
犰狳
树懒和食蚁兽
卵生哺乳动物
有袋类动物
灵长类动物
龟
树鼩
刺猬等
沙鸡
鸽子
鼯猴
蝙蝠
鹦鹉和凤头鹦鹉
鹎鸟
野兔、兔等
杜鹃等
猫头鹰
鼠类
鸵鸟等
蜂鸟
穿山甲
雨燕
啄木鸟和
巨嘴鸟
偶蹄目动物
蜂虎
肉食动物
鲸类
咬鹃
雀形目鸟类
翠鸟
奇蹄目动物

GUOJIA DILI DONGWU BAIKE

国家地理动物百科

奇妙的动物界

西班牙 Editorial Sol90, S. L. ◎著
陈家凤 ◎译

山西出版传媒集团 山西人民出版社

目录

动物典范

对于过去的某些生物，我们只能通过化石来了解。其中最引人关注的要数恐龙。

非洲是野生动物的天堂。凭借其得天独厚的条件，造就了一个奇观王国，众多生命栖息于此。这片大陆不仅是为众多生命提供了居住环境的场所，同时它也是动物们为了生存而不断斗争之地。

拯救后代

豹具备极强的适应能力，即使失去了自然栖息地，它们仍能设法生存下来。但是人类捕猎及对其领地施加的压力仍对它们构成了切实的威胁。

当下，对这头母豹而言，没有什么比防止幼崽从 18 米高的地方跌落更迫切的了。当幼豹长大了，它将自己设法爬到最高的枝丫处。

猎取或死亡

一头饥饿的雌狮展露其猎取本性：灵活的躯体、强大的下颚和锋利的爪子，外加超群的嗅觉和融入环境的能力，使得它可以寻找最恰当的时机展开攻击。在博茨瓦纳奥卡万戈三角洲，正上演着一场牛群和狮子之间的生死较量。这里汇聚了牛群和大量狮子，因此是战争的频发地。

在没有威胁的环境中生活

一只雄性大猩猩站立着，伸长了身体，展示着它的力量和威慑力。虽然它的模样有些可怕，但这只最大的灵长类动物，在非洲森林中，正面对着一个不确定的未来。据估计，山地大猩猩的数量已不足700只，与东部低地大猩猩一样，都是濒危物种。

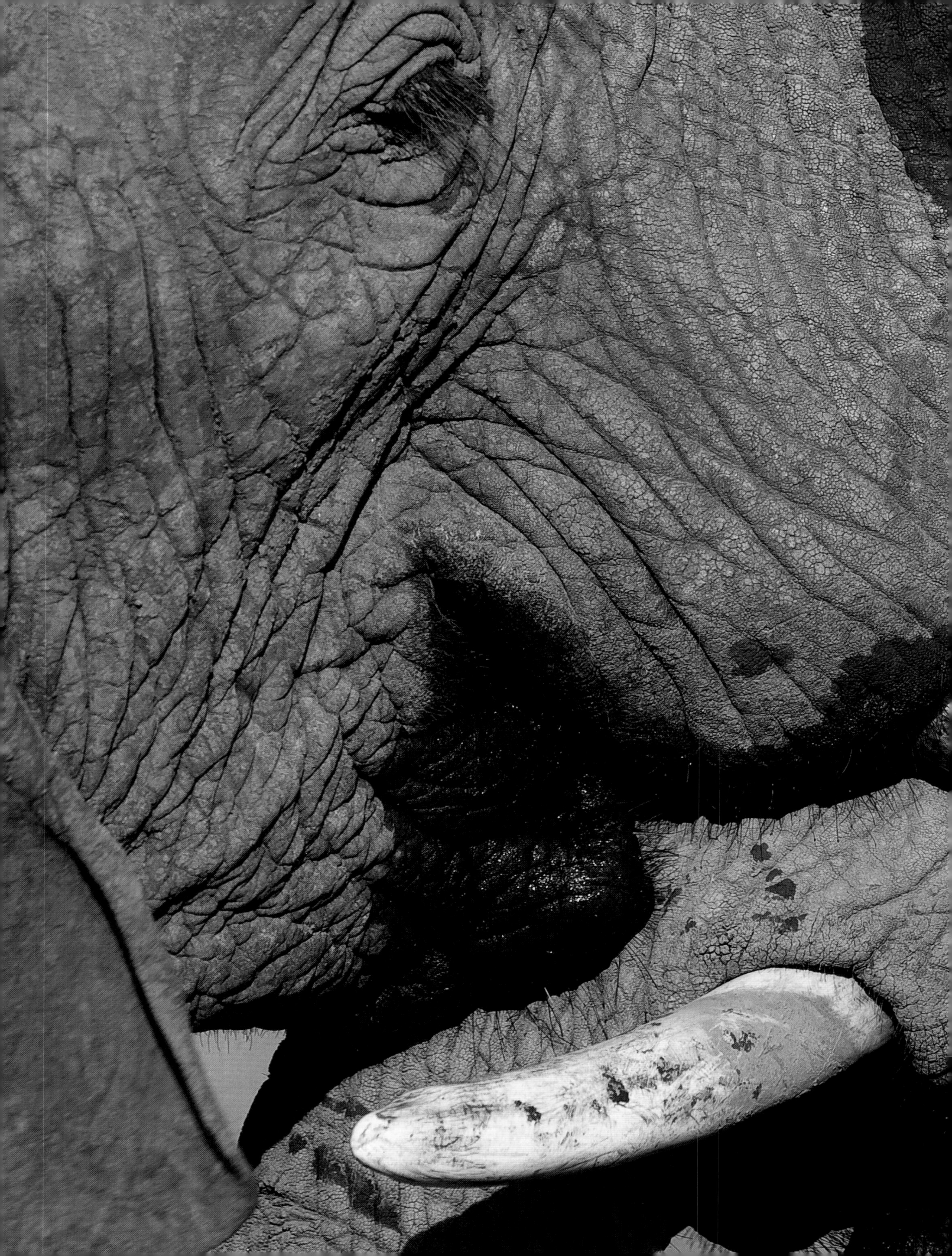

社交

两头雄性幼象喝完水后，相互用鼻子和头触碰对方。这些无害的触碰是它们常用的沟通方式。非洲各地大象数量差异显著：西部数量较少，而南部却有 30 万头。

概况

约600万年前,动物以各种各样的形态出现在了地球上。目前,已确认的有近200万个物种。所有这些，从微生物（如蠕虫）到巨大的鲸，均共存于一个生态系统，并在地球生物体中占据着主导地位。

什么是动物

据估计，在所有已知物种中动物占70%以上，它们组成了一个庞大的世界，多种多样的无脊椎动物占主导地位，同时也存在着令人称奇的脊椎动物（鱼类、两栖类、爬行类、鸟类和哺乳动物）。各自具有不同特点，生活方式也各有差异，但均由许多细胞组成，通过食用其他生物和对外界刺激做出反应来获得能量。

域：真核生物
界：动物界
亚界：2
门：35

特征各异

动物界汇集了解剖特点、行为及生活方式均极其不同的种群，包括水母、金枪鱼、蛇、蜂鸟、猩猩和人类。尽管它们具有复杂性和多样性，但仍可通过其基本生物特征进行归类：它们是多细胞生物，拥有肌肉和神经，并借此对其所处环境做出反应。

所有动物均能通过消化食物或有机物来获得能量。为了达到此目的，它们调整自身，逐渐具备如下特征：从锋利的嘴和牙齿到麻痹的神经、强颚骨和螯针等。

此外，大多数动物拥有四肢，可以移动、爬、走、跑、跳或飞，但也有一些物种没有四肢或无法移动。后者包括海鞘：幼小时可以自由移动，但成年后，就附着于固体表面生活。

组织复杂

动物是由真核细胞构成的组织，其内部结构（如细胞核和线粒体）由细胞膜包裹而成。不同于植物或真菌，这些细胞缺乏细胞壁。除了海绵之外，所有动物的细胞均可构成不同类型的组织，如神经和肌肉，从而形成复杂的器官。

草原之王

动物界中有大量移动速度极快的猫科动物，如非洲狮。

动物优势

目前，现存物种已大致被分为190万种。科学家们按界进行分组，其中一个即是动物界，约涵盖140万种。其大概数量详见下图。

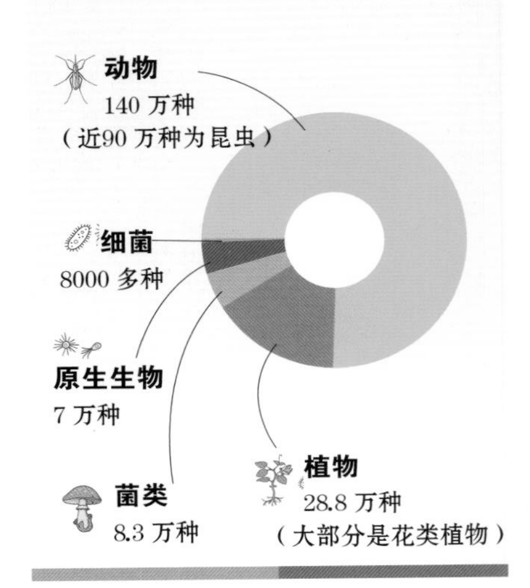

解剖学构造

每个种群的解剖学构造的复杂性均与其已知的自然进化路径有关。但是绝大多数动物是无脊椎动物，缺乏内部骨架、骨质或软骨。脊椎动物中，骨质动物仅占全球动物的3%，但无论是在水中、地面或空中，它们的移动速度都是最快的。

重要性

动物在自然界中发挥着关键作用。生物圈依靠它们通过食物链来实现物质和能量循环，因为作为食物链的一部分，它们既是消费者也是分解者。同时，物种之间的相互作用建立了自然平衡，以达到相互控制或调节数量的目的。另外，重要的一点是，它们构成了植物授粉和种子传播过程的一部分。

营养

对于自养生物（如绿色植物）而言，它们可以通过无机物质自行产生有机物质。与此不同的是，动物是异养生物，通过消耗有机材料或食物来获取能量，即通过其他生物来获得营养。它们消化或分解食物，然后吸收释放出来的物质。因此，对所有动物而言，无论它们采用何种生活方式和消耗哪种食物类型，它们都为其他动物提供食物。肉食动物以其他动物为食，草食动物从植物中获取营养，并食用植物或动物源性产品。

捕猎者中，有些物种挑选和捕捉猎物，将猎物整个或大块大块地吞噬掉。比如食蚁兽，其舌头又黏又长，再加上独特的钩形爪子，可以破坏蚂蚁和白蚁穴。其他类似物种拥有吸盘、螯足、夹爪、刺和尖喙，通过相互协调，以捕捉食物。也有一些物种，它们不会追捕或挑选自己的猎物：通过嘴食入源源不断的富含食物的水流体，凭借相应器官将其消化，并通过过滤结构将水过滤掉。比如鲸鲨，它们每小时过滤6.2万升水，每天摄取20千克浮游生物。其他捕猎者食用动植物流体，它们可以滤食很多物种：节肢动物、蜘蛛和其他许多昆虫等。此外，食用流体食物的还有大多数寄生虫，如蚊子、跳蚤、绦虫和七鳃鳗。这些物种有吸盘状的嘴，其牙齿和舌头都便于吸吮食物。

动物

矛头蝮（*Bothrops atrox*）具备动物相关特征：真核细胞组织、异养和具备移动能力。

适应性

随着数百万年的进化，动物们都演化出了独有的特征，以便在各自的栖息环境中生存。爬行动物是首先从水生环境中完全独立出来的脊椎动物，它们通过自身进化，获得相应能力，从而避免了在干燥环境中出现脱水的状况。主要体现：生成了由钙化膜保护的卵，从而保护了胚胎；通过不断调整，其身体进化出一系列可以让它们脱离水而生存的特征，以防止脱水。它们是第一类可以在干燥环境中生活的脊椎动物。它们最主要的一条是形成了钙化的保护膜，以便保护胚胎——羊膜卵。

自从它们具备离开水也可以繁衍的能力之后，陆地上就有了各种各样的爬行动物、鸟类和哺乳动物。在这里，物种不断调整自身，以应对它们之间因生存空间和食物产生的竞争。例子比比皆是：海龙目鱼类的身体类似薄片，以免被捕食者发现；树栖蛙身体虽小，却可以将舌头直接伸向猎物，吓唬它；菲律宾眼镜猴，体形小，眼睛大，是夜行动物。

直接及间接演变

动物均是从单细胞成长和发展而逐步具有复杂的解剖结构的。从生命周期来看，有些动物，如哺乳动物，成长过程中外观没有实质性变化。但也有些动物，如两栖动物，则经历了一系列蜕变。

演变

青蛙和蟾蜍（均属无尾目）从卵到长大，经历了一个变态发育的过程。

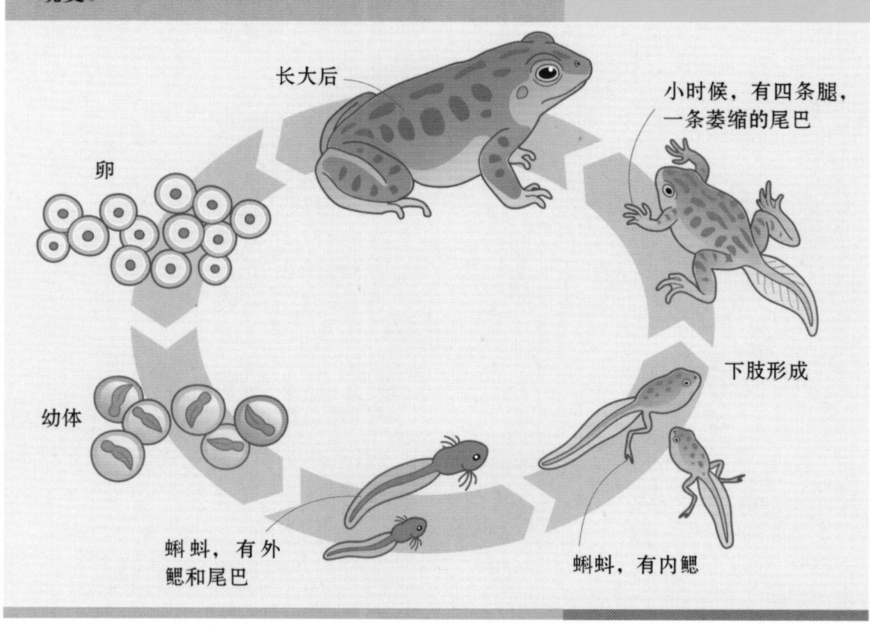

饮食

这是所有生物不可或缺的功能。由于无法像植物、藻类和某些细菌那样自养，动物们需要寻找食物。每一个物种都根据自身需求和所在环境提供的食物，调整饮食，以试图获取生长发育所必需的营养物质。

需求

长颈羚羊伸着脖子吃嫩叶，这依赖于其强大的肌肉、坚实的骨骼和极高的灵敏度。同样，肉食动物也可运用其全身器官来捕食这些草食动物。这些例子代表了所有动物共有的一项活动：饮食。摄入食物是这个漫长过程的第一步，动物由此获取所需元素，将其转换为物质及能量。关键性的营养物质，如蛋白质、碳水化合物和脂肪，是组成动物组织和器官且维护其正常运转所必不可少的。反过来，大部分食物为每一个动物细胞提供其代谢活动所需的能量。

颈
进化后的脊椎赋予其更强的脊柱弯曲力。

类别

根据不同的饮食类型，可将动物分为肉食动物、草食动物和杂食动物，要么吃肉、要么吃植物或两者均食。食物链的初级消费者是草食动物，更高级的是肉食动物和杂食动物。

草食动物

草食动物是真正的植物摄取者。它们物种众多，专门吃植物组织，如叶子、花、果实、种子、茎和根。

肉食动物

这些消耗者摄取动物以补充营养。方式可为捕捉活的动物或食用腐肉。

杂食动物

其消化系统可接受多种多样的食物。因此，可以根据适用性和可用性，交替食用植物或动物。

后腿
肌肉发达且强壮。双腿牢牢站立着，以便够到高处枝丫上的树叶。

保护
植被减少导致一些草食动物无家可归，也无食物可摄取。此外，还影响了其他消费者。

极端化
蛇的下颚灵活，可以吞噬掉比它的嘴更大的猎物。

多刺植物
在非洲大草原上，灌木和旱生树木比比皆是。典型代表为金合欢，因其树枝上长满了刺而出名，这些刺使得人们不能触碰其嫩叶和嫩芽。

关系

无论是同一物种（种内）还是不同物种（种间），动物之间均建立了多种多样的联系。许多动物成群结队地合作，也有一些动物为了争夺食物而相互伤害。

合作
狼群狩猎时，协同合作。

竞争
因同一个猎物而展开争斗。

营养级

能量金字塔图形展示了一个生态系统的饮食结构。每个覆盖区域表明了该营养级能量的数量。该数量的能量，大部分由该级的成员消耗，只有10%流入下一级。由于能量以金字塔式向上传输，而食物是有限的，因此到塔尖时，能量已耗尽。

卡路里能量

初级产品（植物） 初级消费者（草食动物）
二级消费者（肉食动物） 三级消费者（大型肉食动物）

专有名词
“Gerenuk”在索马里语中意为长颈羚（*Litocranius walleri*）。该物种因其引人注目的长颈而得名，其颈部可以够着最高的枝丫，获取食物。

生态位
根据饮食策略，允许同一环境中，不同的草食动物平等地食用相同的植物。某些动物食用叶子，另一些动物食用果实或种子。

能量流

地球接收到的太阳能几乎完全被反射。仅有很小一部分——约2%被一些物体吸收并进行光合作用，如某些细菌、植物和藻类。通过上述物体，流向消费者，然后流向分解者、真菌和一些细菌。最后通过热量将能量释放到环境中。

起源和进化

地球上，生命的历史可以追溯到30亿年前，那时出现了第一批类似细菌的物质。大约5亿年前，动物出现。这种物质当时仅是由未分化细胞组成的简单聚集物，因源于澳大利亚埃迪卡拉的化石而被发现。自此，分别向三个不同方向发展。其中一个分支，经过不断进化，发展成了当今非凡的无脊椎动物群和脊椎动物群。

喙头蜥

现有的两种喙头蜥与2亿年前的爬行动物有关。

动物的起源是什么？

动物起源于约5亿年前，这是一个持续和广泛的科学辩论主题。关于动物的起源存在多种解释，其中群体学说获得广泛认可。根据该学说，认为早先的动物起源于一组微生物，外观是细胞集落，通过所有细胞之间的相互协调，做阿米巴运动。它们是水生鞭毛虫原生动物，拥有鞭毛作为运动器官，因此可以浮游。其身体由体细胞和生殖细胞构成，由这些细胞组成的中空球形体（胚泡）被称为囊胚。基于这个共同祖先，产生了两大进化路线。根据其中一条进化路线，产生了早先的扁虫，它是一种蠕虫，身体扁平，是今天的无脊椎动物和脊椎动物的祖先。在数百万年的多样化发展过程中，征服陆空环境是进化过程取得的一个里程碑。这对脊椎动物而言尤其重要。因为它预先调整了自身的身体结构，以便适应较差的生活环境。

达尔文主义

19世纪中叶，英国的生物学家查尔斯·达尔文提出了生物进化理论。他的研究和思想被写在《物种起源》（1859）这一名著中，并得以传播。该书中，达尔文提出了一种称为“自然选择”的进化过程，具备有利特征的物种将比不具备有利特征的物种获得更多的生存机会。他基本上解释了地球上生命的起源和进化：

- 生命形式不是静态的，而是不断进化的；
- 进化过程是渐进、缓慢而稳定的；
- 相似生物是相关的，它们有一个共同的祖先；
- 自然选择解释了这个系统。

并非所有生物都是平等的，因此适者生存，优胜劣汰，以适应环境和进行繁殖。

前寒武纪	古生代				
4600~545（百万年前）	寒武纪 545~500	奥陶纪 500~439	志留纪 439~409	泥盆纪 409~360	石炭纪 360~290
生命起源。原核生物多元化。真核细胞及多细胞生物的起源。已知最早的动物化石（埃迪卡拉动物群）。	海洋无脊椎动物，拥有石灰质的外骨骼。最早的脊椎动物。多元化的藻类。	棘皮动物多样化。最早的真菌和无颌脊椎动物（无颌鱼）。陆地上最早的植物。该时期末，大量物种灭绝。	珊瑚礁扩展。陆地上出现节肢动物。有颌鱼、现代真菌及藻类和带导管的植物起源。	鱼类和三叶虫多样化发展。菊石、两栖动物以及现代植物（蕨类植物、种子植物）起源。本时期末，出现生物大灭绝。	两栖动物多样化发展。出现早期的爬行动物、各种昆虫、大型蕨类植物、裸子植物和马尾丛林。

化石记录

大部分动物的进化史都已记录在化石中，作为古老动物或部分动物的进化证据。比如马，它的解剖结构经历了一系列的调整变化。

进化
与狗类似，马的身体经历了不断的变化。

生物大灭绝

随着时间的推移，地球上发生了一系列灾难性事件。奥陶纪末期，海平面出现巨变，导致了当时60％的物种灭绝。后来，晚泥盆纪时期，水中的氧浓度急剧下降，近70％的物种无法在该条件下存活。二叠纪也发生了类似事件，导致了80％的物种灭绝，这是我们所知道的物种灭绝最多的一次。三叠纪末期，50％的物种灭绝。最后，6500万年前的白垩纪时期，发生了最著名的一次物种大灭绝。大型火山爆发或陨石撞击消灭了75％的物种，这些物种包括恐龙及大部分大型爬行动物。大部分人认为存在这样一种可能：由于大型物体撞击地球，撞至尤卡坦半岛（墨西哥）处，从而产生了一些强烈的影响。如地球上不同区域出现了高达150米且温度高达500摄氏度的海浪。正是因为发生了这最近一次的物种大灭绝，哺乳动物才得以占据此前恐龙的栖息地，不断进化，并呈多样化发展。

解剖学对比

为了理解古老动物群和现有动物群之间的联系，可将古老脊椎动物的化石与现有脊椎动物的化石进行对比。通过比较，我们发现两者具有一致性，也就是说，有些器官结构相似，但功能不同，如鸟的翅膀和哺乳动物的四肢。

前腿和后腿骨，甚至于趾骨都使其适应游泳。后腿使其既可以游泳，也可以跳跃。

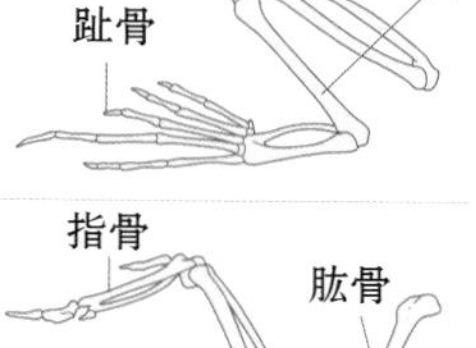

鸟的翅膀及腕部顶部有肌肉。此外，其指头张开，变化极大。翅膀上覆有各种各样的羽毛。

猩猩的上肢和人体解剖构造非常相似。但也有许多重要的差别，尤其是比例及手指长度方面。

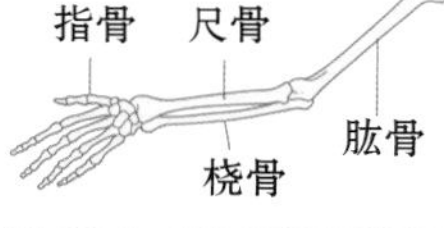

会游泳的哺乳动物，如鲸，有鳍形前肢。骨头扁平，与鱼类不同的是，它们有三个极其细长的指头。

二叠纪	三叠纪	侏罗纪	白垩纪	第三纪	第四纪
	中生代			新生代	
290~251	251~206	206~144	144~65	65~1.8	1.8~0
鱼类、昆虫和爬行动物增多。两栖动物、松柏类、苏铁、银杏减少。该时期末，物种大灭绝，尤其是海洋动物。	爬行动物再次多样化发展。出现了早期恐龙和哺乳动物。该时期末，又发生物种大灭绝。	恐龙、飞行类爬行动物及小型哺乳动物鼎盛时期。出现鸟类。	恐龙辐散开来。鸟类和哺乳动物品种增多。出现大量有袋动物、食虫类动物和花类植物。该时期末，物种大灭绝。	出现最早的灵长类动物和原始肉食动物。出现大型当代鸟类。许多花类植物群出现。出现类人猿。	类人猿灭绝。智人散布地球。鸟类及大型哺乳动物濒临灭绝。

分类

18 世纪，科学家根据动物外部身体的相似性，对其进行了最初的科学分类。至 19 世纪初，动物界分为脊椎动物和无脊椎动物两大类，这种分类方式非常普遍，但同时也缺乏准确性。现代分类法更为严格，因为它建立在物种遗传亲缘关系的基础上，与以前的分类相比，这种标准不大明显，但它却为基于进化史进行的动物分类排序提供了更精确的依据。

有脊椎及无脊椎

所有分类标准中，影响最大的是将动物分为两类：脊椎动物和无脊椎动物。脊椎动物是指那些被大家熟知，却为数不多的构成了脊索动物门的动物。其身体背部，均有一条索状组织沿消化道平行分布，被称为脊索。脊椎动物成年时期，脊索将由骨头和软骨组成的脊柱代替。

无脊椎动物涵盖了 95％的动物物种。虽然“无脊椎”一词可以用于描述某些物种，但它的基本意思为没有脊柱和内部关节骨架，所以不能将其视为准确的科学术语。

名称

1735 年，瑞典自然学家卡洛斯·林奈出版了《自然系统》一书，其中将自然世界分为了三类：动物、植物和矿物。该书中，作者阐述了由一般到特殊的等级分类观点。他的提议至今有效，属于我们现在使用的二名法命名，即用两个单词构成物种的学名：种类名及特定名称。

新理念

19 世纪，基于比较现存动物和化石的解剖结构而得出的标准，对陆生脊椎动物进行了分类。此举明确地证明了进化理论对动物排序而言是必不可少的。这些分类中，主要比较了骨架的某些部位，如颌、牙齿、四肢。基于该标准，我们了解到四肢脊椎动物或四足动物是由同一组或分支的物种发展而来的，其基本原型源于 3 亿年前那些生长在陆地上的第一批脊椎动物。

蝴蝶
属于节肢动物、昆虫纲、鳞翅目。

占比大的无脊椎动物

如今，动物分为 140 万种。脊椎动物仅占其中的一小部分，大多数为无脊椎动物：典型代表为甲虫，近 36 万种。

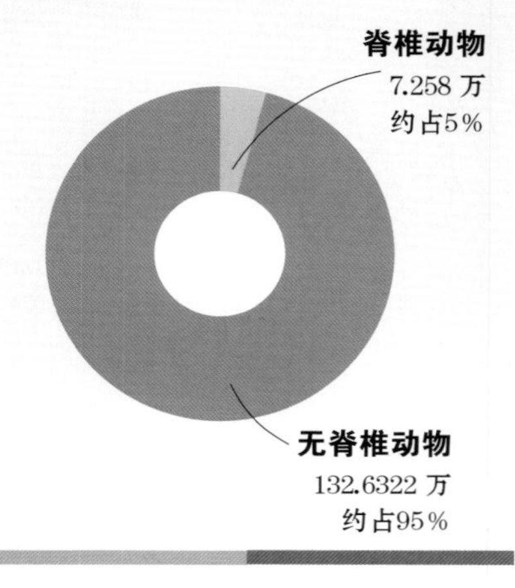

现状

如今新的趋势是根据动物的进化树构建过程来对其进行分类。进化树描绘了动物的进化史。亲缘分支分类学是生物学的分支，用于定义各组织之间的关系，并设定不同的分支或组。这些分支或组基于共有的派生特征而形成。如此一来，每个分支包含具备相同特点和共同祖先的物种。结合各类分支，描绘进化树。

进化树描绘

描绘进化树时，须考虑现行分类标准，以理解进化关系：主体整体结构、体形对称及胚胎层或组织等。动物进化树第一次分裂形成了两个子界，称为侧生动物和真后生动物。侧生动物拥有特殊细胞，不形成真正的组织。其典型代表为海绵，体内有孔细胞或领细胞，以及由胶原蛋白、碳酸钙和二氧化硅组成的针状骨骼。

其余动物传统上被称为无脊椎动物和脊椎动物，属于真后生动物或真生动物，其细胞形成真正的组织。根据体形对称来分类，即在想象平面中将动物身体分为几个大小相同的部分。如此一来，真后生动物分为两大组：辐射对称动物，如水母，拥有无限对称轴；两侧对称动物，如脊索动物，仅有一个对称轴。此外，可根据胚胎或组织层数量来区分辐射对称动物和两侧对称动物。因此，根据拥有2层或3层，将其分别命名为双胚层或三胚层。辐射对称动物属于双胚层，拥有外胚层和内胚层；两侧对称动物属于三胚层，拥有外胚层、中胚层和内胚层。

两侧对称动物

根据是否拥有体腔（即内部体腔）进行分类的物种形成了一个庞大而多样的分支。无体腔动物，即不含体腔，典型代表为扁虫。假体腔动物及体腔动物拥有内部体腔。假体腔动物的假体腔内充满压力液，能有效增加动物肌肉收缩性。假体腔，就如一个动物体内的静液压骨架，能使肌肉收缩后恢复到原状。体腔动物，根据胚胎时期最先形成的消化道口将其分为原口动物和后口动物：原口动物首先形成口，而后口动物首先形成肛门。原口动物的典型代表为蠕虫、软体动物和节肢动物。根据形态和分子数据以及身体生长类型，原口动物可分为两种：一种为冠轮动物，其器官和组织尺寸持续生长，主要代表为软体动物、扁形虫和环节动物；另一种为蜕皮动物，外骨骼由保护角质层构成，不能持续生长，而是不断蜕皮生长，典型代表为节肢动物。后口动物中，典型代表为海星和水母以及脊椎动物。后者包括无颌鱼类（如七鳃鳗）和哺乳动物。

谁是谁？
学名，如*Panthera tigris*（虎），有助于准确鉴别众多物种。

如何分类？

分类学是一个科学分支，通过一系列的准则，将众生分为特定的类别。

类别

界	运行方式相似的组织	动物界
门	界的子级	脊索动物门
纲	门的子级	哺乳纲
目	纲的子级	食肉目
科	目的子级	猫科
属	科的子级	豹属
种	个体之间可以繁衍后代	虎

解剖结构

除了构造极其简单的动物之外，其他动物形态各异，由具备不同功能的不同身体系统组成。其中最明显的功能是运动，通过运动，动物觅食、配对或建立住所。无论是蠕虫般缓慢的运动，还是猫科动物般飞速的移动，都是由肌肉整体运动向内部或外部骨骼施加压力而产生的。此外，骨骼和肌肉系统具备支撑、保护、供养和繁衍的功能。

骨骼类型

动物的寿命取决于它维持其体形的能力：为了满足此需求，一些动物通过自身流体或刚性结构来维持身体的稳定性。许多无脊椎动物属于第一种情况，如水母，其身体缺乏坚硬部分，但其体内的流体受肌肉挤压，可产生足够的力量来保持身体的稳定性，就如水灌满水管一样。这种骨骼是小型初级水生生物特有的，对大型动物，尤其是陆生动物而言，不足以支撑其重量。因此，在进化过程中，动物通过各种方法来改变其内外骨骼。

支撑身体

界定动物外观的刚性标准是其肌肉和骨骼系统。根据骨骼所处的不同位置，可将其分为外骨骼和内骨骼。外骨骼，即覆盖在所有肌肉和内脏器官之上的硬块，如贝壳和甲壳。最初为一片或两片，随着动物生长而长大。双壳软体动物，如蛤蜊和蚌，其外骨骼更为复杂：某些物种的外骨骼长度超过 1 米。节肢动物的壳更为复杂，它覆盖节肢动物的整个身体。与此同时，这些节肢动物往往还有一些附属结构，如蜘蛛节和昆虫触角。有些动物的外骨骼由角质层构成，与甲壳不同的是，它不生长。因此，拥有此类外骨骼的动物，在其生长过程中，须定期变化或移动骨骼。

支撑

坚硬的内骨骼是脊椎动物特有的，由骨头和软骨组成，具有支撑和保护内部器官的作用。每块骨头都具备生长和自我更新能力，是有生命的结构。此外，相对于尺寸大小而言，其重量比较轻，因此，动物可快速移动。骨头通过关节和韧带相互连接，其中关节由软骨组成，覆盖骨端；韧带固定骨头位置。根据关节具备的以下不同功能，将其分为可移动型和不可移动型：参与运动、支撑动物重量或保护生命器官，如神经系统、呼吸系统和循环系统。肌肉和骨骼之间相互作用，产生运动。肌肉通过关节，与动物身体各部分相连。

猫
（*Felis silvestris catus*）

外骨骼

外骨骼分为角质骨骼和钙质骨骼。角质骨骼，典型代表为昆虫和蛛形纲动物，由几丁质组成。钙质骨骼，典型代表为节肢动物和棘皮动物，由钙盐和蛋白质组成。

肌肉及运动

运动是肌肉作用的结果。脊椎动物的肌肉组织受骨骼肌腱控制。当肌肉收缩时，一块或多块骨头沿关节允许的方向运动。一般来说，每条肢都拥有一对拮抗肌，以便弯曲和伸展。比如，肱三头肌和肱二头肌即为手臂的拮抗肌。

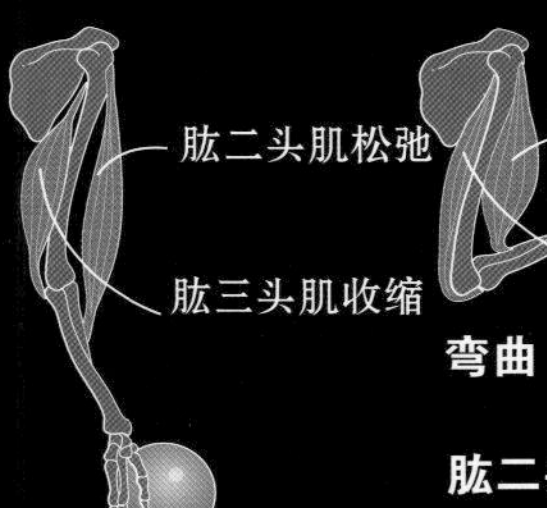

肱二头肌
它支持手臂弯曲，并抬升手持物体。

胸椎

腰椎

骨盆

骶椎

鱼类
拥有硬骨骨骼和软骨骨骼。

股骨

肋

运动
只有拥有关节时，肌肉作用才会产生运动。

腓骨

胫骨

鸟类
拥有最轻的骨架，由带气室的骨头组成。

桡骨

尺骨

尾椎

跗骨

跖骨

内骨骼

由以下三种基本形式的骨头组成。长骨：长度尺寸大于宽度和厚度。平骨：长度和宽度尺寸大于厚度。短骨：长度、宽度、厚度三者尺寸相似。

身体系统

动物就像一个开放的系统，它会与其所在环境交换材料和能量。所有动物都需要摄入食物、排泄废物以及开展其他活动才能生存。动物身体系统复杂程度各异，但无论如何，都在神经系统的控制下，实现着生存所需功能。

多种功能

大部分动物拥有神经系统、消化系统、呼吸系统和循环系统。每个系统的基础是大量不同的细胞，它们起着各种各样的作用。细胞分组形成组织，构成器官。复杂的器官之间相互协调，集成身体系统，以满足营养、交际和繁殖等生存所需的功能要求。所有这些功能都需通过神经系统协调实现，并与该系统紧密相关。

消化系统

消化过程的基本步骤是摄入食物、物理和化学转化、吸取营养和排泄废物。其目的在于为其他系统提供所需的材料和能量。

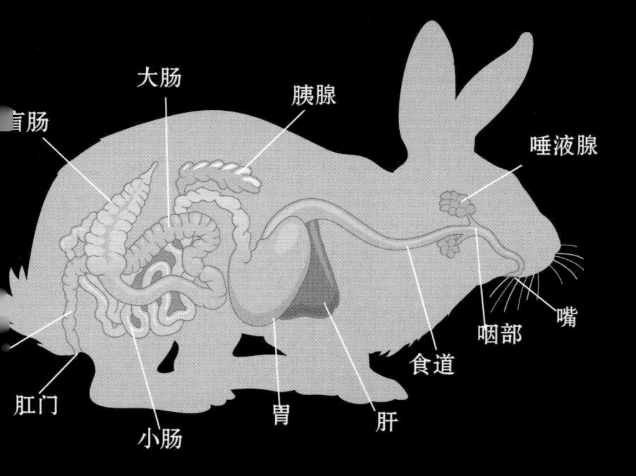

呼吸系统

通过呼吸系统，动物吸入丰富的氧气，呼出多余的二氧化碳。此外，陆生动物还可通过排出水和热量，来维持体内水分和热量的平衡。

在水中呼吸

有些陆生动物可以通过潜水寻找食物。但为了生存，必须浮出水面呼吸：它们在水里唯一能做的是呼气。

神经系统

动物的交际生活依赖于神经系统。该系统接收内外环境的刺激，分析与综合并根据具体情况使机体做出反应。由感受器接受后，通过神经元传输，再由肌肉和身体腺体做出反应。它对身体组织功能的实现起着重要的作用。

食人鱼

这种鱼动作很迅猛，凭借其神经系统，可探测到猎物，并在几秒内将其吞噬。

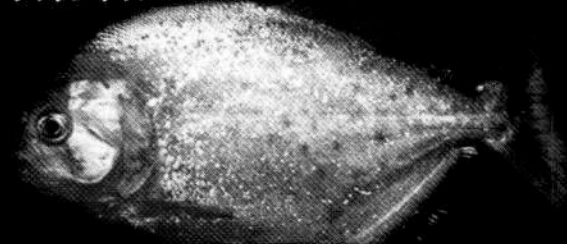

脑

脊椎动物中，脑部的神经系统分布情况极大地体现了进化程度。

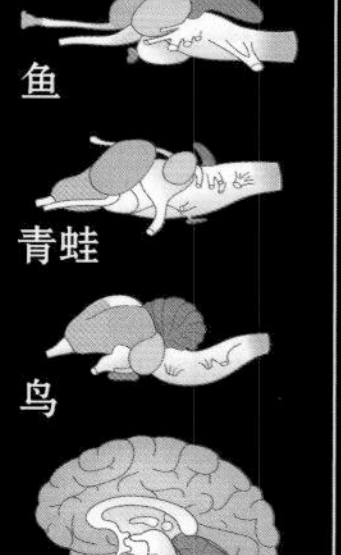

髓

连接脑部与身体其他器官。

食血

雌性蚊子食血，为产卵提供营养。

尾节

尾节指蝎子腹部延伸出的肢端，带毒刺。依靠尾节，蝎子可以释放毒素以捕捉和制服猎物。

外周神经系统

根据从中枢神经系统处接收信息或向其发送信息，将外周神经系统分为感官神经和运动神经。

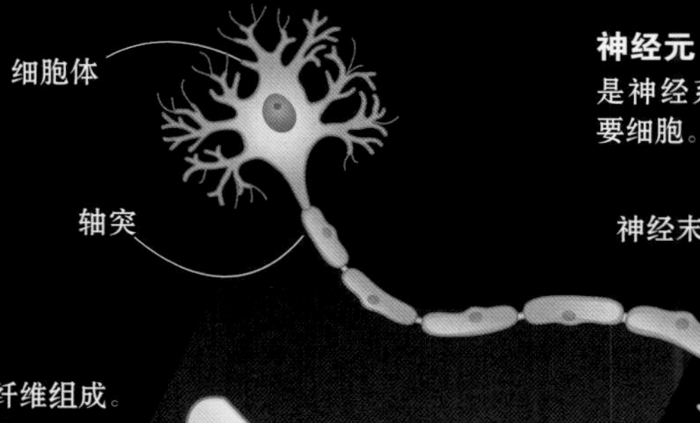

神经元

是神经系统的主要细胞。

循环系统

大部分动物拥有循环系统，通过血液、淋巴液等流体，将由消化系统和呼吸系统摄取的营养物质分散到全身，使其到达每个细胞。那些构造复杂的动物，其循环系统拥有一个肌肉泵，即心脏，可传输含营养物质和废物的血液。

神经

由神经纤维组成。

轴突

神经髓鞘

神经膜细胞

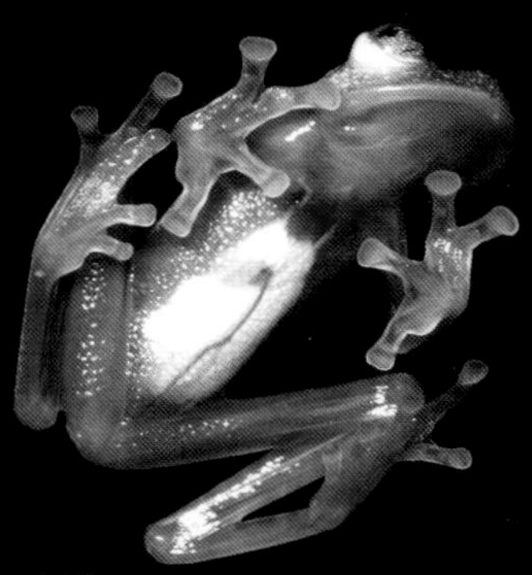

心脏

心脏，促使血液在循环系统中持续流通。

排泄系统

为了完善营养，动物新陈代谢的过程中会产生废物。废物积累可能会产生毒素，因此通过排尿、排汗以及呼出过量的二氧化碳等方式来排泄废物。

脊椎动物

刺细胞动物

节肢动物

蠕虫

其他神经系统

其中一些为简单的模糊神经网络系统（刺细胞动物），另一些为由神经元簇或节点构成的复杂系统（节肢动物）。脊椎动物神经系统最复杂，拥有功能不同的中枢神经和外周神经区。

恒温控制

某些动物不排汗，因此通过喘气来排出体内多余的热量。

感官

环境对动物而言是至关重要的，它是一个富含各种刺激的不竭源泉：冷、热、雨、声音、味道和可能的繁殖配偶。为了与环境建立联系，大部分动物拥有细胞或神经感受器，用来获取生存所需的重要信息。

触觉

通过变形、伸缩和振动可感受温度变化。大部分动物拥有机械刺激感受器，可感受压力变化。这些感受器集中分布，形成了一片极其敏感的区域。较简单的感受器之间拥有游离神经末梢，可感受疼痛和温度变化。身体构造复杂的动物，其皮肤上拥有大量神经末梢，某些情况下，游离神经末梢与毛发和卵泡囊相连，连接感觉神经元末端，接收和传输刺激。

肉垫

猫科动物的肉垫极其敏感，可感受其触碰组织的大小和形状。如此一来，它们可以神不知鬼不觉地移动，以暗中监视猎物。

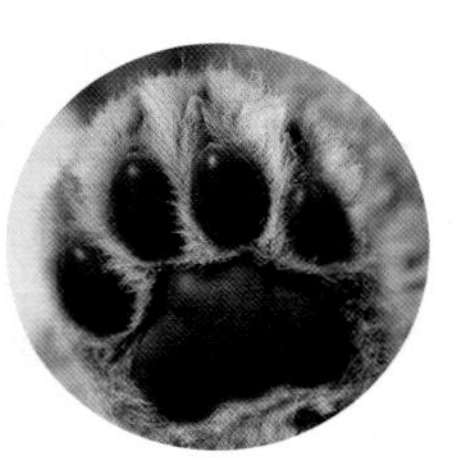

触须

移动时，长短各异的硬毛发刺激皮肤的触觉感受器。许多哺乳动物，尤其是猫科动物，拥有触须，如嘴唇上的胡子。

发现猎物

织网的蜘蛛在腿部和腹部关节处拥有特殊器官。被蜘蛛网困住的猎物试图挣脱时会产生振动，通过这些器官，蜘蛛可感受到振动。这种刺激促使蜘蛛走向振动发生地，攻击猎物。

味觉

味觉的化学感受器是感觉细胞，受可溶于水的化学物质刺激。这些细胞遍布动物全身，单独或成组分布，如哺乳动物的舌头味蕾和章鱼的触须吸盘。

触须

当章鱼发现可能的猎物时，先用触须触碰猎物，并用吸盘感受它。这使得章鱼可以“品味”猎物，并确定是否作为其食物。

嗅觉

通过化学感受器，可感受到远处的物质，看是否存在伙伴、捕食者、食物或合适的休息地。构造较为简单的无脊椎动物身体中的感受器独立分布；脊椎动物的感受器集中在特殊的嗅觉上皮中。

化学感受

味觉和嗅觉是对同一类感受的两种表达：这两种感官都可以通过向大脑传递神经脉冲，从而发现化学物质的存在。

极其敏锐的嗅觉

许多哺乳动物（如犬）的嗅觉优于其他感官

保护
与栖息环境的破坏一样，噪声污染也会对动物生存造成影响。

全景
蜻蜓的眼睛由3 万只小眼组成，各个方向的事物都能看到，甚至可以看到身后的事物。

视觉

大部分动物拥有被称作“光感受器”的细胞或器官，可以感受光线。呈现形式各异：感光细胞、昆虫以及哺乳动物的单眼和复眼。感光细胞只能检测光线的存在与否，单眼和复眼则可接收各种复杂的实际图像。

复眼
昆虫和甲壳类动物的复眼是由许多小眼组成的一个整体：光感受单元，由光感受器细胞组成。数量众多且比图片所示更细小。

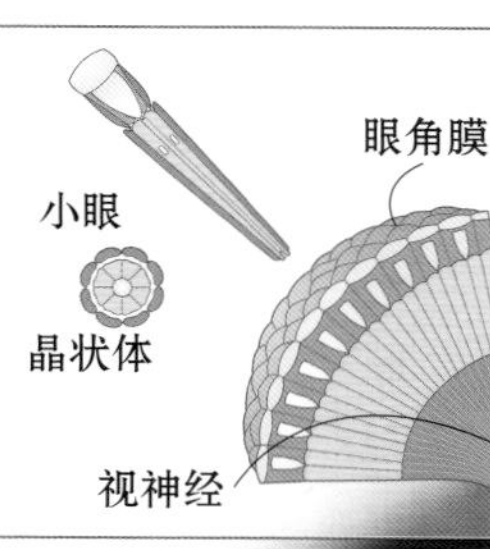

一只苍蝇的眼睛由4000 个小眼组成。

脊椎动物的眼睛

鱼眼有一个球面晶体，关联着向前和向后方向的肌肉运动。

鱼

眼睛有大块晶体，且发育良好。有些爬行动物还有颅顶眼或第三只眼。

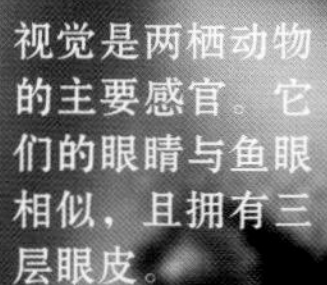

爬行动物

眼睛有双凸面晶体。大部分可感受多色光，但无法感受紫外线。

哺乳动物

视觉是两栖动物的主要感官。它们的眼睛与鱼眼相似，且拥有三层眼皮。

两栖动物

视线类型
通过眼睛，可以准确判断距离远近。单眼视觉比双眼视觉广，但精确度低。大型捕食者拥有双眼视觉。

鸽子

猫头鹰

■ 单眼视觉
■ 双眼视觉

听觉

可以通过耳朵的机械感受器感受压力变化，从而感受声音。对某些动物而言，压力变化会引起耳朵外膜或鼓膜振动，此变化会向耳腔内部传递，刺激神经末梢。

听觉狩猎
猫头鹰等猛禽凭借听觉搜寻猎物。通过感受空气振动，准确地攻击猎物。

行为

大多数动物从事的活动有进食、洗漱、竞争、寻找配偶、交配或抚育幼崽。某些动物活动简单，而某些则极其复杂，所有这些活动都源于其物种遗传，动物与动物及环境之间的互动，最终塑造了活动模型，并形成我们所了解的一些行为。可以确定的是，动物的行为特点经过了成千上万年的进化，是自然选择的结果。

本能行为

海绵、刺细胞动物等构造简单的动物，其行为仅是受到刺激做出一种遗传的、本能的反应。仅仅为受到刺激时重复进行的一种固定的行为。构造复杂的动物也存在这一现象。比如，刚出生的雏鸽，感到饥饿或听到鸟巢周围的噪声时，会本能地张开嘴，等着喂食。当机体第一次受到相应刺激，根据其遗传的感官信息，立即产生一种被称为“固定行为模式”的机制。这种行为模式千篇一律且极其刻板，仅仅在某个特定的生命周期里出现。也就是说，在某个年龄阶段和某种生理条件下，有一些刺激会产生相应的固定行为模式。如同某个物种的解剖特征一样，这些反应是可预测且不变的。

后天行为

动物行为可随着日常经历而改变。如此一来，大部分动物由于受到环境和其他相似物种的影响，其固定的行为模式也会改变。动物感官受到的刺激叠加以及接收到的其他信息，在不同的情况下，会调整它的行为。各种各样的行为被分为不同类别，如习惯、联想学习、印随和模仿。习惯行为中，受到持续刺激时，动物会减少或消除反应。保护区或动物园里的动物，由于已经习惯了人的存在，所以并不会逃跑。联想学习是指寻找两种刺激之间的连续性关系，就如水族馆海豚表演杂技一样。印随（英语为 *imprinting*）是一种将联想和区别结合到一起形成的后天行为。尤其体现在某个物种的动物通过声音、视觉或化学信号区分属于另一物种的相似动物。当动物之间建立了繁殖关系时，这一行为尤为重要。最后，模仿是一种在鸟类和哺乳动物中产生的后天行为：幼崽模仿成年动物的行为，如鸟的鸣叫。

群体行为

有独居动物，也有群居动物。群居动物数量恒定，定期聚集，一起完成某个活动，如繁殖或迁徙。群居生活，尤其是对于草食动物而言，看似容易构成肉食动物的目标，但事实并非如此。实际上，很难分散和攻击一个动物群，埋伏并惊吓它们就更难了，因为多个动物会对可能的捕食者保持警惕。相应地，肉食动物会像战略家一样采取包围策略，从侧面攻击草食动物群。如此一来，将引起动物群的恐慌，肉食动物攻击较老的动物、幼崽和生病的动物就有了更大的胜算。

动物建筑师

对动物影响最深的先天行为之一：构建住所或捕猎网。构建真正属于动物的建筑。

鸟巢
鸟用树枝和树叶筑巢。成为建筑专家的方法是，材料选用最易折叠、打结及编织的绿叶。

蜘蛛网
蜘蛛织网并耐心地等待昆虫被网困住。蜘蛛网黏黏的丝源于蜘蛛腹部的腺体。

水坝和洞穴
海狸是灵巧的建筑师，它用枝丫筑洞穴，并立起水坝来控制水位。在其洞穴中，可以避免狼、猞猁和熊的攻击。

竞争行为

为了主宰一个领地或掌握一群繁衍所需的雌性动物，许多动物之间会展开竞争，以确定统治者。比如，雌性及雄性老虎占领富含水、植被和大量潜在猎物的领地。为了相互沟通并宣示领地权，雄性老虎会在那里撒尿和排便（气味标志），并用爪子在树上做标记（视觉标志）。

生物节律

动物行为受光照、潮汐周期性涨落及季节变化等直接影响。这些外部刺激会单独或与其内部生物钟一同触发动物行为。该类行为被称为循环行为，具备本能特点，是对固定的行为模式做出的反应。许多动物，如禽类，日落时聚集到一起休息，日出时开始外出活动。

猩猩的模仿

通过后天极其复杂的学习，脊椎动物的固定行为模式会产生变化。尤其是那些拥有发育良好的中枢神经系统的猩猩，该系统使其可以利用自身的各种能力。

先天

1 观察

当猩猩第一次碰到白蚁巢时，受到刺激，产生本能行为。当观察一个相似动物的行为时，会对该行为进行模仿和重复。

2 试验和试错

观察之后，每个猩猩将制作属于自己的觅食工具。此阶段中，可能出现因工具太脆或太粗而无法使用的情况。

后天

3 第一次尝试

开始采用恰当的工具尝试掏白蚁巢内的白蚁。凭借先天拥有的觅食能力，开始取得良好成果。

4 觅食

一旦获得后天能力，就形成了无意识的日常行为。猩猩可以一边关注其他事物，一边轻易地获取食物。

社交生活

梳理毛发可增进猩猩之间的联系。

迁徙

每年，受季节变化等影响，数以百万计的动物进行规模庞大的迁徙。水母和昆虫等无脊椎动物，鸟类、爬行动物和哺乳动物等脊椎动物从极寒或极热地区迁徙到富含食物、适宜繁衍的地区。

生存之飞

秋季，光照量减少、气温下降，鸟类开始迁徙。它们根据太阳或星星的方位，采用指南针系统和三角测量来确定自身所在位置。基于此，它们将感受到的太阳基于地平线的倾斜角度，与生物钟了解的角度进行比较。此外，鸟类也通过地球磁场来判断方向。

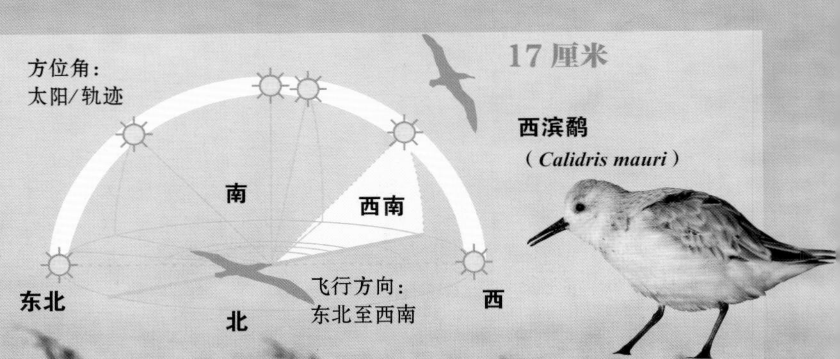

鱼的洄游

大量鱼类会进行迁徙。大西洋鲑鱼是一种淡水鱼，游入大海觅食、产卵和生长。4~5 年后，长大的鱼游回出生地所在的河域，进行繁殖和产卵。鱼凭借其极为灵敏的嗅觉辨别方位。海洋中食物丰富，鱼迅速长大、变重，并获取逆流而上所需的能量。

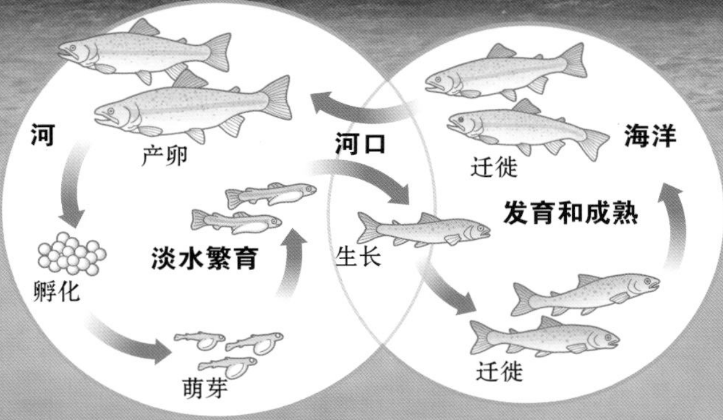

保护

北极冰雪融化影响了海象的迁徙。

伟大的飞行者

迁移过程中，北极燕鸥每年飞行3 万~8 万千米。

徙居昆虫

为了逃离加拿大寒冷的冬季，君主斑蝶跨越近 6000 千米，飞往墨西哥及美国的温带地区，寻觅配偶及食物。气温回升后，飞回加拿大。其他昆虫，如蝗虫，仅有小部分为了觅食而进行迁徙。

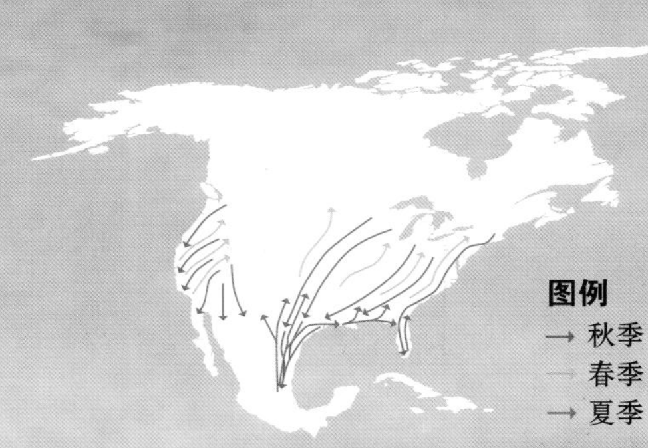

哺乳动物的迁徙

大量的草食动物群（如斑纹角马、驯鹿和斑马），从原不适宜生存的地区迁离，以寻找食物和栖息地。非洲雨季初期，动物群开始迁徙，穿过坦桑尼亚草原，寻找水源和草。通常最先开始迁徙的是斑马，迁至多雨水区，食用粗草。随后，斑纹角马和瞪羚开始迁徙，寻找嫩草作为食物。

动物	数量
斑纹角马	150 万
汤普森和格兰特瞪羚	40 万
斑马	30 万
伊兰德羚羊	1.2 万

塞伦盖蒂大迁徙

交配和繁殖

对大多数动物而言，孕育准备的过程是复杂且激烈的，需要为了繁衍后代而斗争，只有获得胜利的一方才可将自身基因遗传给后代。这些动物个体都是通过这一奇妙过程孕育出来的。其他一些动物无须交配，可以进行无性繁殖。

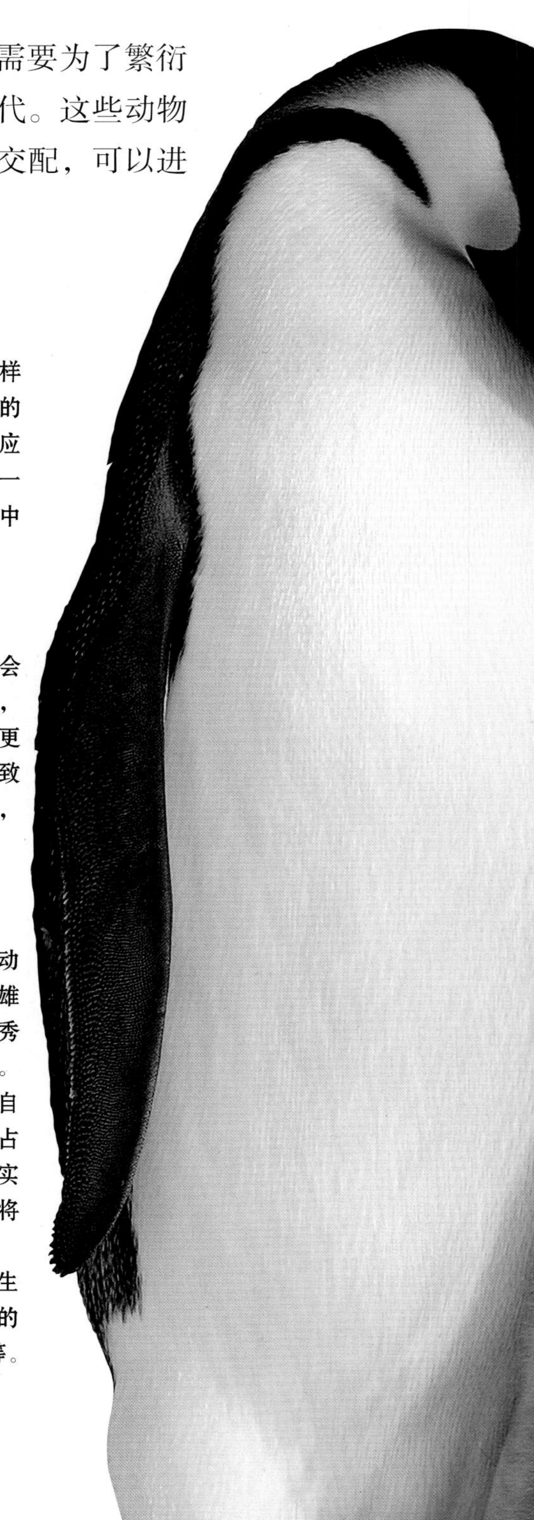

无止境的历史

地球上生命的连续性依赖于繁殖。它象征着一个重要的里程碑，通过它我们可以了解现有一切生物的由来，以及如何保持生物的多样性。动物是这一连续过程中的一部分，进行繁殖时，须满足共同的利益：确保物种延续性。

所有动物在其生命周期中，均开展某些活动，直接或间接地为繁殖做着准备。做好准备后，有些动物通过无性繁殖，克隆出与自己一样的生命。大部分动物需要与另一些相似的动物进行交配，通过有性繁殖，繁衍后代。

无性繁殖更快且更简单，但存在一个很大的劣势：幼崽们及其父母是一模一样的，任何不利的环境变化都会同样影响它们。反之，通过有性繁殖出生的动物，其特征综合了父母双方，可以应对新环境或条件更恶劣的环境。对每一个新生代而言，这一点对在复杂环境中生存来说很关键。

无性繁殖

海星若碎了一块，从这个碎块处会重新长出一只海星。这就是海星繁殖的方式。

母体

碎了的海星重新长出一段

碎块

碎块长成一只新海星

繁殖多样性

在各种各样的环境特征的影响下会产生不同的繁殖机制。稳定的环境中，对无性繁殖而言，基因与母体相同，更易生存。变化的环境中，有性繁殖导致幼体基因不同，因此环境发生变化时，很可能只有一部分幼体生存下来。

竞争

繁殖前最引人注意的一方面是，动物之间为了繁衍后代而进行的争斗。雄性动物通常需要证明自己是条件最优秀或最出众的，以获得雌性动物的青睐。雄性动物凭借力量、求偶仪式部署或自身技能展示吸引了雌性动物之后，将占据主导地位。其他情况下，凭借竞争实力淘汰失败者，获胜者将获得奖励：将其基因遗传给下一代。

竞争行为促使雌雄动物形态上发生变化，表现为体形大小、毛发及羽毛的颜色，以及其他生理结构（如犄角）等。

有性繁殖

亲代包含雄性和雌性两个亲本。每个亲本均产生生殖细胞或配子：雄性细胞与雌性细胞相互结合。如此一来，生成了第一个受精卵，受精卵长大后，生成下一代。新生动物遗传亲代特征，但由于结合了两个亲本的基因，因此同时具有不同于亲代甚至不同于整个物种的特征。

皇帝企鹅
唯一一种可以在南极的冬季进行繁殖的企鹅。

求偶和交配

有性繁殖中，交配前须进行一系列的求偶活动，期间，雌性动物和雄性动物需通过某种方式进行交流。群居动物比独居动物更易找到配偶。为了成功求偶，需要产生某种化学、声音或视觉信号。每种动物为了求偶都会发出信号，如发出声音、散发香气或形成视觉刺激，其独有的特征不会引起其他物种的兴趣。一旦建立了联系，雄性动物通常需要获取雌性动物的信任，征得交配的许可。

对某些物种而言，繁殖所需的配偶，一生只有一个。对其他物种而言，雌性动物和雄性动物只在繁殖期进行交往。此外，可能出现的一种情况：一个占有主导地位的雌性动物或雄性动物与一群异性交配。这种情况常常出现在性别二态性的物种，即雌性和雄性的外表不同，如海象。

体内和体外受精

精子和卵子结合称为受精。可以发生在雌性生物体外（体外受精）或体内（体内受精）。体外受精通常发生在水生物种中，它们将卵子和精子释放到水里，仅有一些卵子会受精。大部分物种属于体内受精生物，雄性生物体通过特殊的生殖器官将精子射入雌性体内。体内受精除了在交配时发生外，还在其他不同情况下发生。某些动物，如哺乳动物，体内受精允许在母体腹部内孕育幼体。

某些无脊椎动物，如蜗牛，一个动物体即可产生两种生殖细胞。它被称为雌雄同体，其交配是相互的：交配过程中，两个动物相互输送精子。

雷默瑞丽蜗牛
（*Cepaea nemoralis*）

濒危动物

人口数量大幅度增长，需要愈来愈多的自然资源。随着这一需求的增长，栖息环境被过度开发，受到污染，面积缩小，甚至是被用作农牧区、工业区或城区，这些均导致许多动物物种濒临灭绝。上述影响，加上人类的其他活动，对生物多样性造成了威胁，尤其是对那些逃脱能力差的动物。

威胁：人类

现代人类对环境的改造以及造成的生态失衡比任何其他物种都要多。近 2.5 万年以来，人类人口增长了 2000 倍，如今总人口已超过 70 亿，并仍在继续增长。这种扩张与科技发展、农业扩张以及对生活的期望提高相关。农牧活动改变了环境，更换和破坏了原生植被，并对动物的生存造成了消极影响。当一些物种被认为是有害的，并被人类通过猎杀或使用毒药来捕捉时，上述情况会更加恶化。

濒危世界
根据世界自然保护联盟（IUCN）红色名录显示，各国存在大量濒危物种，其中包括哺乳动物、鸟类、爬行动物和无脊椎动物以及鱼类。

污染

自然生态系统中，物质不断循环：原子和分子在生物与环境之间循环。人类活动介入此种联系后，造成有害物质累积，导致了多种机制的失衡。人类活动产生的化学及物理介质改变了水、空气或土壤的质量，污染了环境，从而影响了生态系统的自我保护能力。

污染形式各异。比如，在大海中，海豚、龟及鸟类淹死在废弃的捕鱼网中。石油污染毒害了无数的水生生物，同时在土壤和水中积累了溶剂、杀虫剂及其他化学污染物。

双重危险
如今，对北极熊而言，气候变化对其造成的影响比偷猎更大。

各种各样的化学物质对动物群造成了不良影响，并导致昆虫和小型脊椎动物死亡。还有其他情况：这些动物体内积聚了化学物质，捕食者食用时，并不会立即受到伤害，因此，继续活着，直至被天敌捕获，是较好的情况；反之，将受到化学物质积聚而产生的不良后果。

过度开发

无限制的狩猎、捕鱼危害了动物的多样性。短期内大力度的开发阻止了动物数量的恢复，这种影响在育雏区域或育雏季节尤为突出。比如，生活在阿根廷巴塔哥尼亚地区的鱿鱼就存在上述情况。当耗尽某一物种而无利可图时，人类便开始开发其他物种，如此一来，动物多样性就逐渐减少了。

外来物种

某些自然环境中，从其他地区或国家引进的物种，影响了原生物种的生活。比如，阿根廷及智利南部引进了北美洲海狸，以鼓励发展毛皮行业及肉类生产。当某一区域没有某种动物的天敌时，那么，该物种的数量就会增长较快。随之增多的水坝和洞穴开始切断河流并使之改道，河流改道的结果是淹没了巴塔哥尼亚大面积森林区域，从而影响了原生鱼类、鸟类及哺乳动物的生活。

气候变化

受自然及人文因素影响，全球气候正在发生变化。工业活动导致温室气体含量增多，表现为全球平均温度的渐进式上升。如此一来，自然环境及植被等方面均发生了变化。由于短期内环境发生变化，动物无法适应，也会受到影响。

白犀

（*Ceratotherium simum*）

红色名录

1948 年，联合国组织成立了世界自然保护联盟（IUCN）。该组织编制了“濒危物种红色名录”，并根据保护状态进行分类。

- 灭绝
- 野外绝灭
- 极危
- 濒危
- 易危
- 近危
- 无危

史前动物

恐龙这种爬行动物，因其外观、行为、体形、适应性及其与现存爬行动物和鸟类的关系，激发了我们的好奇心。进化过程中，这种史前动物灭绝了，进而产生了另一种动物，即哺乳动物。

恐龙

三叠纪末期至白垩纪末期，恐龙统治着地球。就在当时，劳亚古陆和冈瓦纳古陆分裂为现在的构造板块。6500 万年前，恐龙大灭绝留下了大量的化石样本，从脚印、恐龙蛋到骨头及完整的骨架皆有。只有发现这些痕迹，科学家们才能对过去的爬行动物进行研究和分类，并了解其解剖结构、体形、饮食及繁殖情况。

定义

恐龙，又称“恐怖的蜥蜴”，指一种已灭绝的爬行动物，仅可通过化石遗迹了解它们：骨头、脚印以及岩石上重现其进化史的印记。恐龙特有的骨质特征将其与其他亲缘物种区分开来，比如颅骨、肩胛骨及骨盆、脊椎骨和前爪。因为没有存活的恐龙物种，所以我们很难了解它们的生理学特征，但从其高度活跃性来看，估计它们可能是温血动物，否则我们将无法理解恐龙觅食或寻偶时的动态。大恐龙和小恐龙具备不同的体内恒温保持能力。大型恐龙，因其体形较大，白天积聚的热量在夜晚不易流失。现存的爬行动物，其体形较小，无法保存体内温度，白天需要晒太阳，吸收热量，但到了晚上，热量就会流失。

早期恐龙

根据化石，鉴定出最早期的恐龙体形并不大。大多数恐龙栖息在今天的南美洲，是肉食动物，有一些是食腐动物，捕猎灵敏度高。其解剖结构与早期爬行动物初龙相似，但不同的是，早期恐龙已具备先进的骨质特征，如白垩纪时期被称为捕食者的兽脚类恐龙。除了具备现代进化特征外，还构成了一个略微多样化的亚纲。三叠纪晚期出现了体积较大的草食性恐龙，如板龙，其长 8~10 米。

恐龙

记录在册的有 900 多种恐龙：根据骨盆结构类型，将其分为蜥臀目与鸟臀目。蜥臀目中包括南方巨兽龙属和阿根廷龙属。鸟臀目典型代表为三角龙属和副龙栉龙属。

蜥臀目

蜥臀目恐龙的特点：骨头与现有爬行动物（如鳄鱼及蜥蜴）相似；脖子长且灵活，爪子的第一个指头很大。

暴龙

蜥臀目有肉食性及草食性恐龙。暴龙是一种白垩纪时期凶恶的肉食动物。

鸟臀目

属于素食恐龙，骨盆骨与现有鸟类相似。耻骨向后，与坐骨平行。某些恐龙受其头部至尾部的骨质块保护。

弯龙

鸟脚类恐龙是素食动物。弯龙，因其大腿骨呈弯曲状而得名。

艾雷拉龙属 长：4 米
腔骨龙属 长：2.8 米
始盗龙属 长：1 米
鼠龙属 长：2 米
板龙属 长：8 米

三叠纪时期 2.06 亿~2.51 亿年前

橡树龙属 长：4 米
斑龙属 长：9 米
腕龙属 长：25 米
剑龙属 长：9 米

侏罗纪时期 1.44 亿~2.06 亿年前

重龙属

侏罗纪末期的蜥脚龙属于重型爬行动物。

侏罗纪公园

侏罗纪时期的5500万年间，恐龙经历了壮观的多样性发展。这一进化事件促使肉食动物和草食动物之间开展了大量竞争活动。

长脖子的大型蜥脚龙（如圆顶龙属）及鸟脚龙（如剑龙）是斑龙的猎物。斑龙重量可达1吨，长约9米。当时与恐龙一起生活的还有早期蝾螈、多种鳄鱼以及类似麝鼩的小型哺乳动物。大洋区域则出现了大量巨型海生爬行动物。始祖鸟，被视为最早出现的鸟，同样源于该时期。此外，还出现了多种翼龙，它们是飞行类爬行动物，大多以鱼为食。该时期雨水增多，气候变暖，植被郁郁葱葱，生成了广阔的森林。

龙足

根据恐龙的解剖结构及习性，将其分为两足和四足恐龙。通常而言，恐龙身体姿势相同，但比较而言，却与现存的与其有亲缘关系的物种不同。

1 蜥蜴

肢体向外突出。肘部和膝盖弯曲，双腿形成一个直角，这一姿势称为伸展。

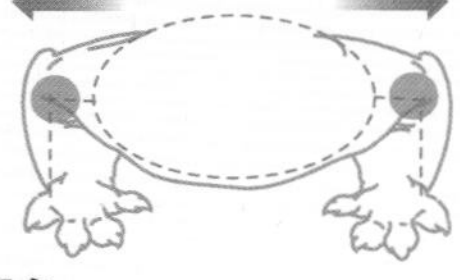

2 鳄鱼

半伸展姿势：肢体向外向下突出。肘部和膝盖呈45度弯曲，以支持爬行和跑。

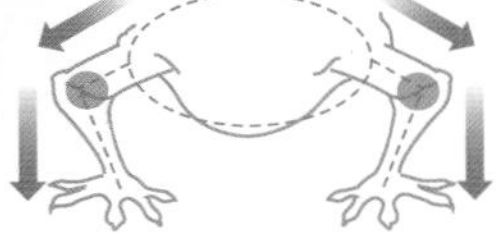

3 恐龙

直立姿势：肢体向身体下方突出。肘部和膝盖置于身体下方。

激烈的白垩纪

白垩纪持续了8000万年，是恐龙在地球上存在的倒计时阶段。白垩纪最后一场风暴来临之前，恐龙如上一时期一般继续呈多样化发展。主要代表为草食性乌因库尔阿根廷龙及肉食性埃及棘龙。乌因库尔阿根廷龙体重超过100吨、长40米。大型肉食性兽脚龙体重可达20吨、长18米。棘龙的一大特征为：脊椎骨脊突出，延长生成棘，长棘与皮肤结合，形成背帆。背帆可起到调节温度的作用，或帮助雌性恐龙和雄性恐龙之间进行交流。

大陆漂移导致气候发生更大的变化：热带地区持续高温，而极地地区变冷。

进化及灭绝

历史上，地球至少经历了五大灭绝事件。虽然二叠纪灭绝是最重大的一次，但是白垩纪时期的大灭绝却标志着恐龙鼎盛时代的终结。这场大型爬行动物灭绝是如此剧烈，以至于它标志着一个时代的结束，这被称作“*K/T*界线”，表明白垩纪结束新生代开始。根据地质记录，6500万年前，发生了一次大灭绝，其原因仍待探讨。有些假设认为，此次灭绝与地质活动有关，因为火山大喷发，喷射出大量熔岩和火山灰。印度一处占地1000平方千米的高原，可能是此灭绝事件的见证地之一。其他观点则认为此次灭绝与巨型陨石有关。根据上述两种观点，灰尘生成了一个不透明层，阻止光线抵达地球，光合作用生物体无法制造养分，因此，草食性恐龙没有了食物，开始消失，同时肉食动物没有草食动物可食，也逐渐消亡了。

镰刀龙属 长：12米

尾羽龙属 长：1米

似鳄龙属 长：12米

巨太龙属 长：15米

冠龙属 长：10米

白垩纪时期 0.65亿~1.44亿年前

第一只 巨型草食动物

2.1 亿年前，三叠纪晚期，出现了最早的蜥臂目恐龙，标志着恐龙时代的开始。那时已有恐龙存在，但其体形较小。板龙是早期的草食性恐龙之一，特点是体形巨大。

板龙

（*Plateosaurus engelhardti*）

体长	6~10 米
饮食	草食动物
栖息地	半沙漠地区
生活时期	后三叠纪
发现地	欧洲

远古的迁徙者

原蜥脚目是蜥臂目的亚目，它是最早的草食性恐龙之一，先于侏罗纪巨型蜥臂目恐龙而存在，但并非其祖先。它们是群居动物，因为在许多地方均一同发现了多个样本。由于栖息地气候干旱，似乎经常迁徙到有针叶林和棕榈树的地方，以寻找食物。

栖息地在哪儿?

在今天的德国、法国和瑞士，即当时的盘古大陆。均发现了原蜥脚目恐龙的化石。

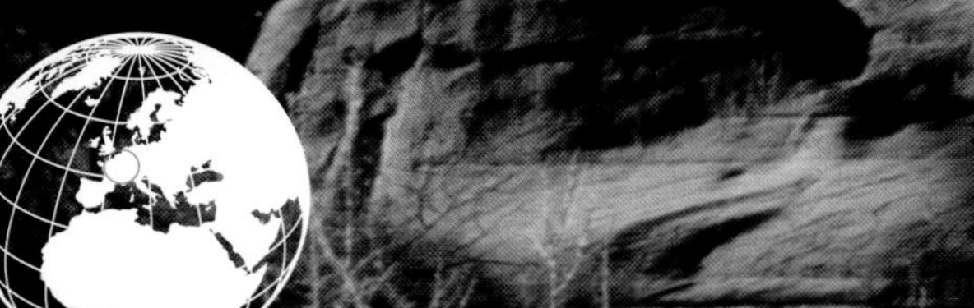

运动

通过健壮的四肢进行移动，但据推测，它们可借助后肢站立，借助前肢飞速奔跑。

前肢

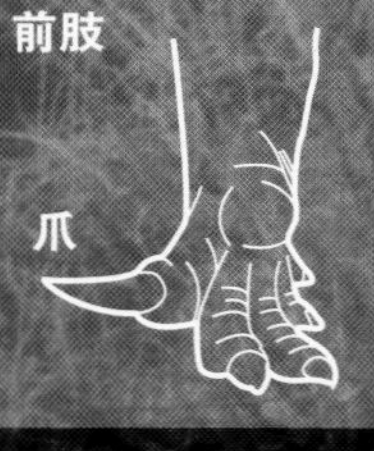

防守爪

前肢的一个指头上有一锋利的爪子。用于割断树枝，并保护自己。但遇到危险时，优先选择奔跑和逃离。

后肢

起支撑作用的脚趾

板龙头颅
角状嘴及无门牙，表明板龙是以低矮植被为食。
其他草食性恐龙
大多数草食性恐龙撕碎植被，通过含有石头或结石的消化道，研磨植物纤维，进行消化。
头
相对身体重量而言，板龙的头较小，因此，人们认为它们不太聪明。
腕龙属
长：25米
前肢比后肢长，因此而得名。
冠龙属
长：10米
属于鸟臀目恐龙，拥有一个醒目的冠。喜群居，以灌木树叶和果实为食。
身高
长长的脖子，能帮助其够到树顶。嘴有颊囊，可避免其进食时食物溢出嘴部。
剑龙
长：9米
属于鸟臀目恐龙，以小灌木树叶为食。凭借其骨板与尾刺阻止肉食动物的攻击。
性别二态性
在不同环境中，板龙体形不同。此外，还存在性别二态性现象。

南方巨兽龙

9500 万年前的白垩纪晚期，出现了我们所知的最大的肉食性恐龙，比有名的暴龙还大。1993 年，一名业余化石搜寻者鲁本·卡洛琳发现了最早的卡洛琳南方巨兽龙化石，其学名意为“南方巨型爬行动物”。

卡洛琳南方巨兽龙
（*Giganotosaurus carolinii*）

体长	15 米
饮食	肉食动物
栖息地	森林和湿地
生活时期	后白垩纪
发现地	南美洲

贪吃的肉食动物

属于蜥臀目，是兽脚亚目异特龙超科。最大长度可超 12 米，最大重量超过 10 吨。已发现的骨质遗迹中有颅骨、骨盆、股骨、脊椎及上肢。据推测，它们成群觅食，因为同时发现了多个化石样本。这对当时的大型草食性蜥脚目恐龙造成了致命的威胁。白垩纪结束之前，异特龙科恐龙及其他恐龙一并灭绝了。

化石蛋

在中国，发现了白垩纪晚期的镰刀龙属恐龙化石蛋。

“SUE”骨架

迄今为止发现的最大的暴龙化石，长度为12.8 米。

栖息地在哪儿?

在阿根廷巴塔哥尼亚内乌肯发现了此大型肉食动物的化石。

其他肉食动物

大型肉食性动物可用锋利的爪子捕捉猎物，用刀一样的牙齿切割草食性恐龙的肉。

艾雷拉龙属

长：4 米

与其他大型兽脚亚目恐龙一样，艾雷拉龙属是肉食性恐龙，前肢短，后肢长且有力。

似鳄龙属

长：12 米

与鳄鱼相似，是一种危险的兽脚亚目恐龙。生活在非洲北部，直至白垩纪中期。

狩猎灵敏

发达的后足使其能灵敏地追逐猎物

尾巴

尾巴有坚硬的椎骨，借此可保持平衡，可以从一侧向另一侧摆动。

尾羽龙属

长：1 米

出现于白垩纪早期，生活在今天的亚洲地区，是一种长羽毛的恐龙，其具备的鸟类特征，使其变为一种先进的兽脚亚目恐龙。

动物及其栖息环境

环境为地球生物创造了所需的生存条件。在这“有生命的襁褓”——生物圈中，光、热以及湿度等相互作用，形成了不同的生物区系。各个物种在环境的影响下，不断进化，改变着自身。

全球生物区系

整个地球像一幅庞大而多样化的镶嵌图画，动物们在此度过其生命周期。环境对比鲜明，如深海、高峰、沙漠或热带雨林。不同的地质及气候因素营造了类型各异的土壤，同时决定了当地的动植物类型。每个生物区系中，随着百万年来的不断进化，一些物种存活下来，而另一些则消失了。

自然区域

可依照不同的标准将地球环境分为不同类型。当考虑气候及地理因素时，地球被分为各种各样的生物区系。反之，若我们把焦点放在物种多样性与进化联系上，地球可分为各种各样的生态区或生物地理区。每个地区又分为生态区或生物区，其动植物和生态系统特征各异。

众生

地球生物区系形成因素如下：全年光照时长、温度湿度、风力强度以及基岩成分。以上元素综合作用，影响动物的特点。数百万年间，受气候的影响，动物不断调整自身以适应环境。比如，在极寒且雨水缺乏的地区，动物需具有将热量和水分流失降低至极限的能力。反之，炎热和暴雨有助于其产生复杂的伪装能力及膳食专业化。同时，不同物种在缓慢的进化过程中，改变着其习惯和活动，以适应日常及季节天气变化。

地球上的栖息环境

通过地图这一实用的工具，可定位全球主要的水陆生物区系。

- 山地
- 沙漠
- 草原
- 针叶林
- 温带森林
- 热带雨林
- 极地地区
- 珊瑚礁

动物多样性

不同生物区系中，动物物种的丰富程度不同。自然学家们于18世纪编制了最早的记录文献，从中我们可以了解到，地球由北向南，高纬度地区动物的丰富程度低于中纬度地区。此外，赤道地区植被最为丰富。在植被极端丰富的环境中，动物复杂性高，因此热带雨林的物种数量多于其他生物区系的整体数量。在仅仅1公顷的区域中，就可发现200多种树木；每一棵树上，存在的昆虫种类比整片沙漠拥有的昆虫种类还多。气候、地理及其他生活在此的物种创造了一个整体环境，推动适应的选择，确定某些物种是否能在特定环境中生存。

变化不定的栖息地

生物区系的变化是永久的，且受各种各样因素的影响。火灾、河水泛滥、雷电风雨及其他因素会破坏珊瑚礁和海岸等。一些生物区系随季节变化而变化，形成截然不同的地貌。

气候因素
风、降水及温度变化影响着土壤的生成和植被的生长（所有生物区系的基础）。

生物区系分布情况

生物区系并非随意分布的。其主要决定性因素是可用水量和空气温度。这些因素随纬度和海拔而变化，影响着动物物种的分布。每个生物区系中，生物和非生物组成部分按照一定比例分布。比如，沙漠生物区系中，多样化程度低；而森林地区，动物遍及整个可用空间。

比如，在大草原上，旱季结束，第一次雷电风雨来临时，干枯的植被恰好成为闪电的目标，从而引发火灾。与人类产生的对环境有害的火相比而言，不同的是，闪电引发的自然火，刺激植被在再次大量降雨时发出新芽。

生物区系也发生着长期性变化：如今寒冷的地区，如极地，曾是拥有大量植被的热带地区。有时候，这种缓慢的变化是由板块移动造成的。这种渐进性变化也可能是气候因素影响的产物；地球进化史中，许多时候，极地冰冠扩张，破坏了当地动物的栖息环境，并促使动物离开。

环境稳定性

水生物区环境更加稳定。原因是水生环境既有优点又有缺点：水可以缓解温度骤变，利于动物有性繁殖。但是水的盐度也使动物的活动受限。比如，咸水鱼将多余的盐分排出体外时，面临失水过多的风险；淡水鱼为了生存，需排出多余水分。不管是陆生环境还是水生环境，进化过程中，唯有那些适应性更强的动物可以存活。

适应环境

动物拥有适应环境的机制和行为：有些物种生存在地下，有些物种避免水分过度流失，冬眠时间可长达6个月，还有一些物种从一个生物区迁徙到另一个生物区。其中一种最引人注目的适应生物区的情况是：北极兔季节性换毛，以避免被肉食动物发现。

北极兔
（*Lepus arcticus*）

季节变化
平面倾斜度为23.5度的地球转动轴，使得全年各个半球接收到的太阳光照不等。赤道地区除外，赤道附近地区全年温度变化较小。

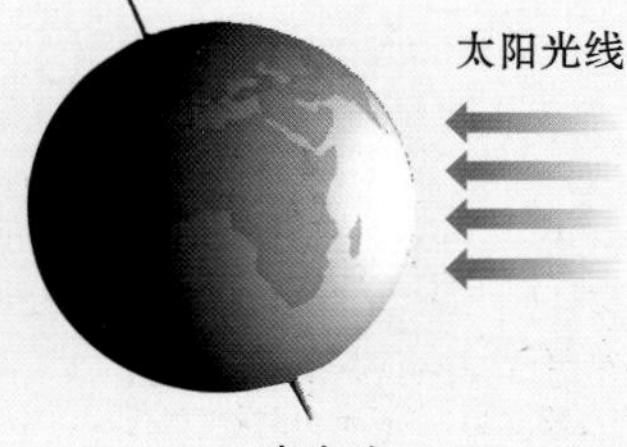

草原

5 块大陆中，大片面积为雨水缺乏、树木植被稀少却有草覆盖的草原。草原上，草食动物拥有丰富的食物。虽然人类活动改变了大部分草原，但其仍拥有大量不同物种。无脊椎动物、啮齿动物、肉食动物及大量草食动物均生活在草原生物区。

地理位置

最宽广的温带草原分布于北美洲、南美洲、东欧、中亚及东亚。热带及亚热带草原分布于中美洲、南美洲、非洲、东南亚和澳大利亚北部。

气候

全球草原地区中，雨水和温度利于各种各样的动物生存。

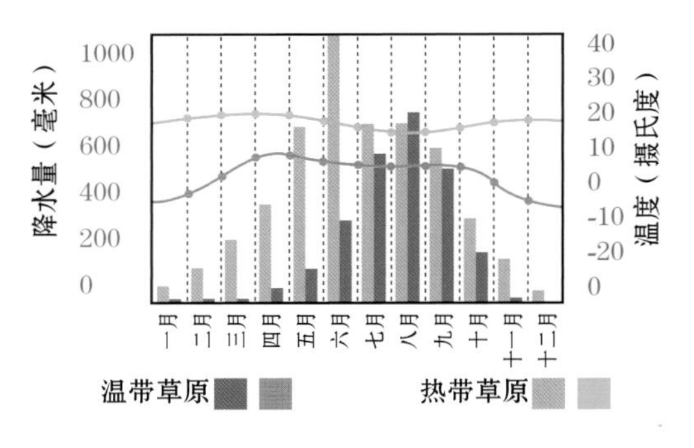

温带草原地区的生物

由于没有树木或岩石作为住所，草食动物暴露在草原中。为了避免被肉食动物攻击，草食动物成群活动、挖洞并快速奔跑。但肉食动物也跑得很快，且因其毛发颜色与环境颜色相近，不易被发现。显然，草食动物和肉食动物之间存在微妙的平衡，这是数亿年协同进化的结果。

成群

斑纹角马群庞大到令人震惊，它们由 25 万多头角马组成，队伍长度超过 40 千米。

热带草原

广阔的热带草原中有独立的树木、灌木或小片森林，如同一片草海中的“岛屿”。它们为大量物种提供住所和食物，如树皮、树干、树叶、花、水果及种子。与温带草原不同的是，热带草原全年炎热，季节分明：旱季，雨水稀少；雨季，降水丰富。旱季期间，草食动物成群活动，寻找食物和水；肉食动物在其周围活动。适应季节变化的植物，受动物行为的影响。

斑纹角马

(Connochaetes taurinus)

5~6 月期间，雄性斑纹角马之间为了与雌性交配繁殖后代而展开激烈争斗，之后，整个斑纹角马群开始迁徙，以寻找食物和水。

白蚁

(Macrotermes natalensis)

居住在由蚁后统治的聚集区，组成一个社会。工蚁们筑巢，巢穴形成复杂的隧道网，便于新鲜空气循环，同时避免肉食动物入侵。

地方性

草原鹿（*Ozotoceros bezoarticus*）只生活在南美洲草原上。

保护

随着人类食物需求的增加，大片草原被改作农田。

保护色

斑马的毛发扭曲了捕猎者的视线，使其无法在一个斑马群中区分出单个斑马。

非洲

拥有地球上最大的热带草原，由草和零星的金合欢组成。最具代表性的动物有象、羚羊、犀牛、长颈鹿、狮子和斑马。

狮

（*Panthera leo*）非洲草原的主导者，一只雄性狮子与多只雌性狮子及其幼崽组成狮群，一同觅食。

温带草原

北美洲草原

北半球主要生物区是温带草原，南半球代表性生物区为澳大利亚草原。典型动物为草食动物：北半球有鹿（如巨型驼鹿）及野牛，澳大利亚草原有袋鼠、鸸鹋及平胸鸟（30 分钟内，速度可达 70 千米/时）。由于没有可躲藏的庇护所，为了躲避野狗之类奔跑速度很快的天敌，这些脊椎动物不断进化，方得以达到上述速度。

犎牛

（*Bison bison*）

冬季，犎牛毛变粗，颜色变深；夏季，毛发变细，颜色变浅。雌雄犎牛都有弯弯的牛角，用于自卫并在发情期用作争斗的武器。

墨西哥土拨鼠

（*Cynomys mexicanus*）

墨西哥土拨鼠发出奇特的声音，形似小狗崽，因此，也叫草原犬鼠。有穴居习性，挖洞穴，利用隧道网络，以保护自身、储藏食物并抚育幼崽。

沙漠

沙漠和半沙漠地区气候非常干燥：这两种环境下的降水量总和都不及热带雨林降雨量的1/3。该环境下，物种必须面对水和食物缺乏的问题。大部分活动均在夜晚温度下降后进行。

地理位置

沙漠环境大多位于热带地区，少量沙漠位于亚热带地区。大部分沙漠地区温度很高，但在部分沙漠地区热量会发生日常或季节性变化。

气候

雨水缺乏及高温构成了沙漠环境的典型特征。

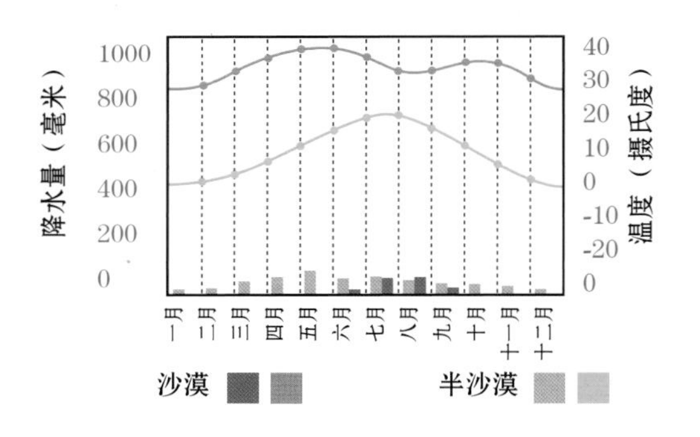

沙漠中的生物

沙漠地区，全年降水量稀少；极高的温度和日益增强的太阳辐射使环境更加干燥。这种环境下，动物调整自身机体及行为，以适应环境，减少水分流失。比如，大部分动物挖洞穴居，以躲避白天的高温，并保护自己。

在沙上行走
骆驼的脚爪支撑面积大，可以分散身体重量，如此一来，在沙漠之类的不稳定地面上行走时才不会陷进去。

沙漠

沙漠的年降雨量低于150毫米，白天温度可高达60摄氏度。这种环境下，动物多样性有限。动物具备忍受雨水缺乏、热量过高环境的物理及生理特征。一般来说，沙漠中的动物排泄（尿和粪便）和呼吸时仅流失少量的水分。较大型的动物，如旋角羚和瞪羚，常常在绿洲处聚在一起饮水。较小的动物，如非洲跳鼠和梳齿鼠，通过新陈代谢从植被中吸取水分。最引人注目的要属雾姥甲虫的适应性：栖息于沙丘上，以便空气水分凝结，落在其身体上，然后水滴流入嘴里喝掉。

旋角羚（*Addax nasomaculatus*）

小鹿瞪羚（*Gazella dorcas*）

梳齿鼠（*Ctenodactylus gundi*）

尼日王者蜥（*Uromastyx geyri*）

黄肥尾蝎（*Androctonus australis*）

蚁狮（*Noaleon limbatellus*）

雾姥甲虫（*Oxycar gastonis*

地方性

希拉毒蜥（*Heloderma suspectum*），尽管它被称为毒蜥，但是体态笨拙，行动缓慢，危险性很低。

间接影响

农药通过空气传播，散落在沙漠中，毒害动物。

保护色

这种环境中，主色为沙子的颜色，即金黄色，对动物而言，拥有类似颜色的毛发，是一种生存的优势。

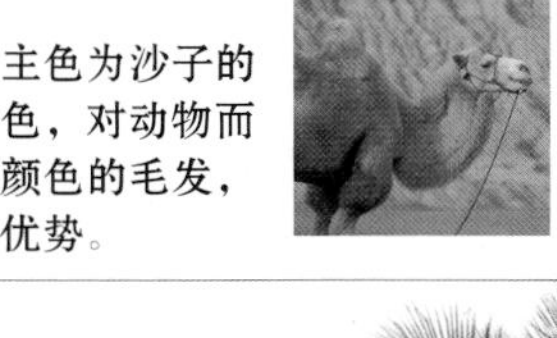

撒哈拉大沙漠

它是全球最大的沙漠，占地面积超过900 万平方千米。其中，仅有18 % 的地方有水，即著名的绿洲。沙作为撒哈拉大沙漠的另一代表，沙地只占9 % 的面积，其余均为岩石所覆盖。

单峰骆驼（*Camelus dromedarius*）

剑羚（*Oryx gazella*）

非洲大耳狐（*Fennecus zerda*）

大耳猬（*Hemlechinus auritus*）

普通珠鸡（*Numida meleagris*）

长爪沙鼠（*Meriones unguiculatus*）

无脊椎动物

干燥的环境中，栖息着蚂蚁、部分鞘翅目昆虫，以及大兰多毒蛛、沙漠蝎等蛛形纲动物。这些动物通常都有一层保护膜或甲壳，以便在干燥环境下保留水分。

半沙漠地区

半沙漠地区比沙漠地区更广阔，年降水量约为400 毫米，因此拥有更丰富的物种。这里有仙人掌及多肉植物，可储存大量水分，利于动物多样性的形成。大部分物种均适应此处的高热量、低湿度，以及冬季极低的气温。

加利福尼亚兔

（*Lepus californicus*）

加利福尼亚兔的耳朵又大又长，通过大量的毛细血管将热量排出。警惕性高，通过大大的耳郭，可感受到极微小的声音。逃跑速度超过50 千米/时，能快速跑到树下面藏起来。

郊狼

（*Canis latrans*）

郊狼，这种凶猛的捕食者，是犬科犬属的一种，通过嗅觉追踪动物群的踪迹来捕食猎物。夜晚会发出嚎叫声，与伙伴交流、宣示领地主权或传递位置信息。

热带雨林

沿赤道地区分布，形成了广阔的雨林带。此处，动物物种极其丰富。数以百万计的无脊椎动物和脊椎动物在茂密的植被中相互影响。得益于丰富的降水量、充足的光线和极高的热量，热带雨林形成了全球最复杂的生物网。

地理位置

热带雨林分布于赤道两侧、南北纬20度之间。最广阔的热带雨林位于非洲、南美洲及东南亚。

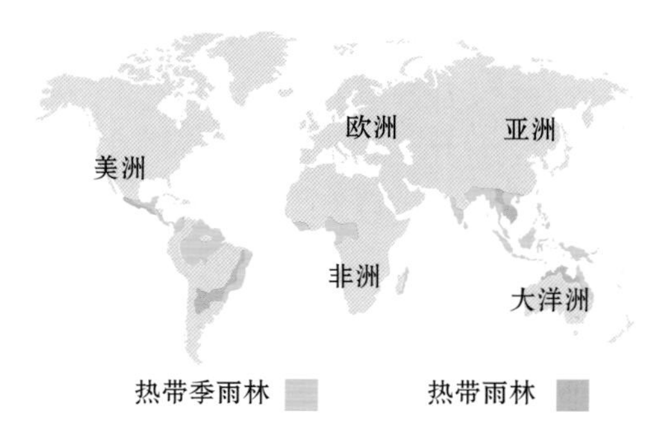

气候

热带季雨林降雨量随季节变化。与此不同的是，热带雨林降水量达2000毫米。

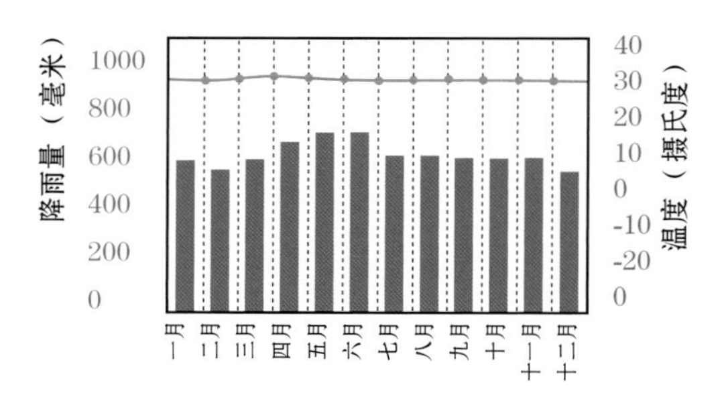

热带雨林生物

茂密的植被形成了一个富含食物的环境。栖息在树冠上的动物可轻易地获取大量食物，但需消耗极大的能量：需要飞、跳以及保持自身平衡。反之，栖居在地面的动物获取从高层掉落下来的食物，数量相对少些，但无须消耗太多能量。

树栖动物
蜘蛛猴生活在热带雨林的树冠和突起层上。每天跑10千米左右，杂食动物，食物包括水果、昆虫和脊椎动物。

植被层

热带雨林富含各种各样新奇的植被。巨型的树木，就好像是其他植物的支撑一样，决定着植被类型，主要分为以下四层。

淡水海豚

亚马孙河海豚（*Inia geoffrensis*）是该地区特有的物种。

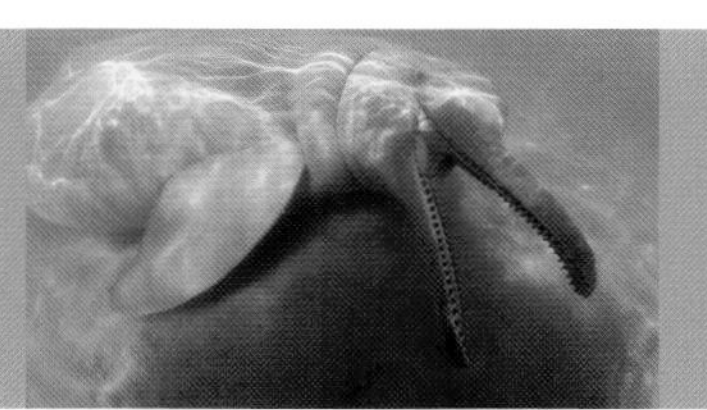

无限制的砍伐

砍伐热带雨林树木，使得动物们失去了自然栖息环境。

4 显露层

较高的树木形成了显露层。由于光照充足，树木枝叶极其茂密。这里居住着猛禽、金刚鹦鹉、猴子（如卷尾猴）和蝙蝠。

王鹫

（*Sarcoramphus papa*）

大蓝闪蝶

（*Morpho menelaus*）

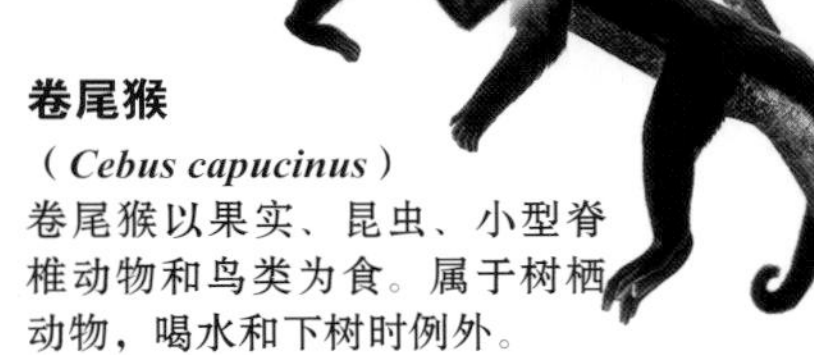

卷尾猴

（*Cebus capucinus*）

卷尾猴以果实、昆虫、小型脊椎动物和鸟类为食。属于树栖动物，喝水和下树时例外。

绯红金刚鹦鹉

（*Ara macao*）

拟态

通过模拟环境，混淆掠食者认知，以此达到生存目标的策略。

3 树盖

高大或中型树木的中间层，为树枝交织而成的拱顶。这里居住着体态笨重的动物，如三趾树懒、食蚁兽、巨嘴鸟以及树栖蛇（蚺等）。

五彩绿咬鹃

（*Pharomachrus pavoninus*）

黑掌蜘蛛猴

（*Ateles geoffroyi*）

金狮面狨

（*Leontopithecus rosalia*）

托哥巨嘴鸟

（*Ramphastos toco*）

翡翠树蚺

（*Corallus caninus*）

黑喉啄木鸟

（*Campephilus melanoleucus*）

热带季雨林

热带雨林区域气候稳定，与此不同的是，热带季雨林地区存在两个差异明显的季节；雨季，降水量如热带雨林一样丰富，是大多数动物的繁衍期；旱季，树叶开始掉落，动物活动愈加明显；各种鸟类、昆虫和哺乳动物食用这个季节某些树木特有的果实。

蓝顶翠鴗

（*Momotus momota*）

蓝顶翠鴗是杂食动物，以果实、各种各样的节肢动物、蚯蚓、蜗牛和小型两栖动物、爬行动物、鸟类，甚至是老鼠为食。

刺豚鼠

（刺豚鼠属）

南美洲刺豚鼠拥有一种机会主义饮食策略，以栖息于高处的猴子、鹦鹉和金刚鹦鹉丢下的废弃植物为食。

针叶林

寒带森林中，针叶林已适应极端寒冷的环境，且极少被草食动物食用。动物呈现出多样化的适应性，以忍受这种低温环境，并利用可用的食物。相反，温带森林中，由于拥有针叶林、阔叶林、蕨类植物和苔藓，动物种类更丰富。

地理位置

针叶林占据了北半球北部的水平条带，位于俄罗斯及西伯利亚北部、东欧北部及北美部分地区。温带森林仅分布于某些大洋岛屿和智利南部。

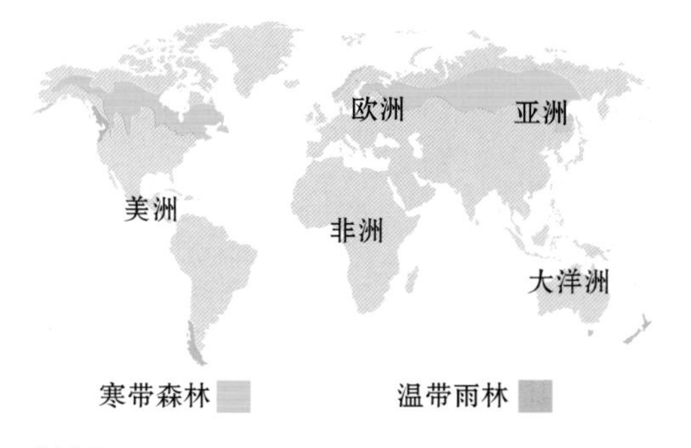

气候

寒带森林和温带森林降水量及温度差异极其显著。

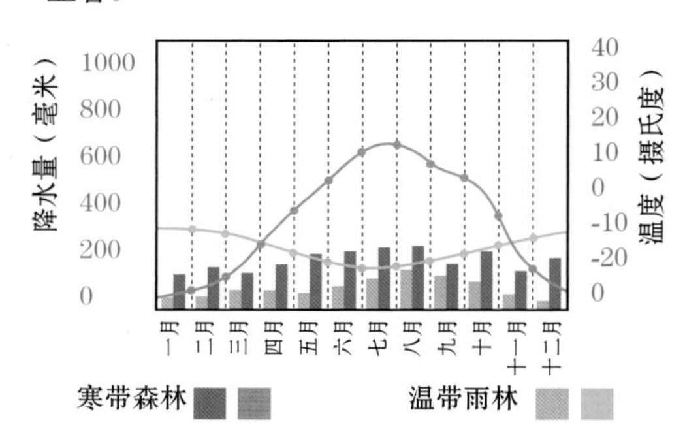

针叶林中的生物

寒带森林或针叶林气候的一大显著特点为全年温差大：夏季平均温度为 19 摄氏度；冬季温度低至零下 30 摄氏度。这种生物区系缺乏生物多样性（北半球除外）。草食动物以针叶林及树荫处的植物为食。肉食动物通常比较敏捷，且具备在雪上移动的特长。

针叶林昆虫

松叶蜂（*Diprion pini*）在针叶林树干上钻孔，其幼虫以此处长出的菌类为食。

寒带森林

寒带森林植被以针叶林为主，其树叶全年为硬针状。气候寒冷干燥，夏季温暖期较短。许多动物栖居于这个荒凉的地带，如貂熊、北美驯鹿、棕熊、猞猁、松鼠、灰狼、驼鹿等。当气候变得极冷时，一些动物向南方更温暖的环境迁徙；另一些则藏匿在地洞中。当气候变暖时，发生生物大暴发：昆虫幼虫食用针叶林嫩芽，海狸和鸭子到水中觅食。此外，对许多鸟类和哺乳动物而言，气候变暖意味着求偶季节的到来。

保护

对于栖居于此的大型哺乳动物而言，针叶林可保护它们，抵抗寒风。

棕熊

（*Ursus arctos*）

棕熊属于杂食动物，全年不同时期利用不同的可用资源。以菌类、树根、果实、鱼类和小型哺乳动物为食。根据其居住的环境，在某个时期，进入地洞冬眠或停止活动。

小熊猫

小熊猫（*Ailurus fulgens*）是亚洲寒带森林动物的典型代表。

盗猎

盗猎影响了野猪（*Sus scrofa*）及其他欧亚寒带森林物种的生存。

御寒

貂熊是陆地上最大的鼬科动物。和大部分寒带动物一样，拥有浓密的毛发，以抵抗寒冷。

西伯利亚

此处拥有全球最大的寒带森林。冬季漫长且寒冷。大部分动物需迁徙到气候稍好一点的地方。

长爪沙鼠

（*Meriones unguiculatus*）

主要以植被为食，但也以昆虫及其他节肢动物为辅食。栖居于地洞内。

温带雨林

与热带雨林类似，该生物区拥有丰富的植被和各种各样的动物。这里湿度高，因此，拥有大量蛞蝓、昆虫和蝾螈等两栖动物。许多上述物种将掉落的树枝及树干当作住所或食物的来源。此外，还栖居有小型啮齿动物、驼鹿等大型鹿以及狼、狐狸和貂等肉食动物。栖居于森林上层几十米高处的鸟类是很难被看到的，它们只有在觅食时才会到地面上。

北美豪猪

（*Erethizon dorsatum*）

豪猪的刺是进化之后的毛发，其表面覆有一层角质素。北美豪猪的刺是和毛发夹杂在一起的。

仓鸮

（*Tyto alba*）

仓鸮拥有敏锐的视觉和听力，可在夜晚捕捉老鼠。将猎物整个吞咽，然后吐出未消化部分。

温带森林

温带地区由常绿林、常绿落叶林及落叶林组成。该地区物种受季节变化影响大。春季和夏季，许多物种栖居于此；到了冬季，则向更温暖的纬度迁徙。其他物种则选择躲在地洞里冬眠或保护自己免受冬季的寒冷。

地理位置

常绿林位于美国西部、欧洲地中海及澳大利亚东部和西南部。落叶林分布于北美东西海岸、欧洲和亚洲西部。

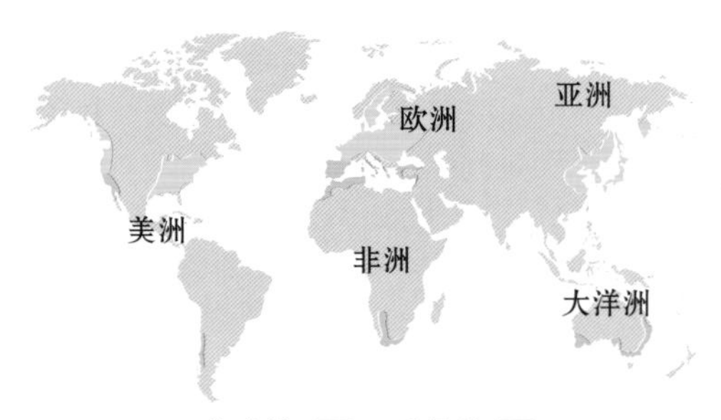

气候

全球各大草原地区，降水量及温度皆适于大量动物生存。

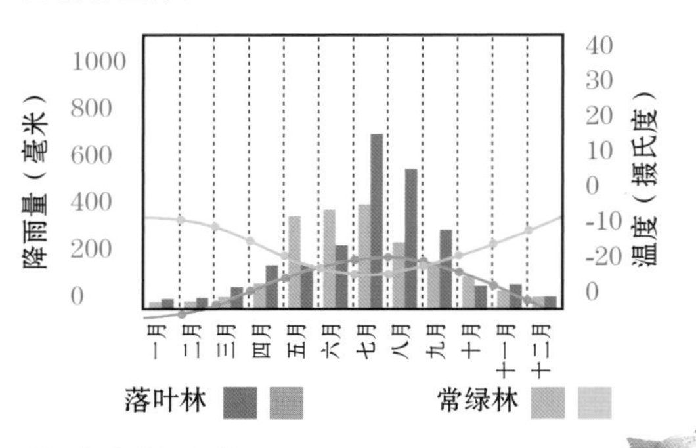

移动中的动物

春季和夏季，动物利用有利条件觅食及繁殖。当气候变得不那么温和时，许多鸟类和哺乳动物开始迁徙，寻找更好的地方生活。由于食物缺乏，其他物种数量降低。而另外一些物种则依靠春季和夏季储存的食物生存。比如，豪猪凭借其积累的脂肪可以冬眠6个月。

啄木鸟

啄木鸟栖居于北美生长着橡树的地区。在枯死的树木或枝丫上筑巢。大部分啄木鸟以无脊椎动物为食。

落叶林

落叶林生物区中，秋季和冬季树叶掉落：落叶形成了厚厚的一层，昆虫、蠕虫和小型哺乳动物在此冬眠或保护自己。冬季，大部分物种停止活动，森林看起来很荒凉且毫无生气。随着白天变长，温度升高，树枝上重新长出树叶，动物们开始活动。鸟类和哺乳动物又重新出现在丛林中。

伪装

累积的枯叶和黄色的树皮有助于保护野猪幼崽的安全。

无脊椎动物

落叶林中，枯叶积了厚厚一层。此处栖居着胭脂虫、蜈蚣及其他靠分解植物为食的无脊椎动物，它们形成了食物网的基础。

地方性

林长指蟾（*Hylorina sylvatica*）仅栖居于安第斯-巴塔哥尼亚森林。

入侵物种

属于奇异物种，如阿根廷八叉鹿。没有天敌，对生态系统产生影响。

亚欧森林

亚欧森林分布于欧洲西部和亚洲部分地区。主要由橡树、榉树和椴树组成。此处栖居着松鼠、野猪、黇鹿、狐狸和猛禽。

穴兔

（*Oryctolagus cuniculus*）

像其他啮齿目动物一样打地洞，以保护自己免受捕食者进攻及不利环境的影响。

睡鼠

（*Glis glis*）

收集树叶和植物，用于筑建蓬松而湿润的巢，以便冬眠。

常绿林

温带地区环境较为温暖，常见树木为松柏林。这种常绿林的特征为常年均有树叶。太阳光线透过树叶可直达底层，因此，有大量动物栖居于地面上。这种环境下，一些爬行动物通过获取热量，保持身体温度。常绿林树木的树叶通常散发着一种草食动物不喜欢的气味。

戴胜

（*Upupa epops*）

该生物区中，鸟类可以自由飞翔。比如，欧洲和亚洲的戴胜鸟就利用森林的空间，捕食昆虫等无脊椎动物。

树袋熊

（*Phascolarctos cinereus*）

澳大利亚树袋熊大部分时间栖居在桉树上，以桉树叶为食。偶尔也从树上下到地面，消化食物，并以土壤、树皮和矿物质为辅食。

山地

高山山坡上多为岩石环境，其典型特征为植物稀少。由于植被多样性差，动物们栖居在山麓到山峰之间的区域，以便觅食或寻找住所避寒。最适宜动物生存的地方要属靠近山峰的区域。

地理位置

地质板块相互碰撞，形成了地壳褶皱。山脉是从古至今板块碰撞生成的。

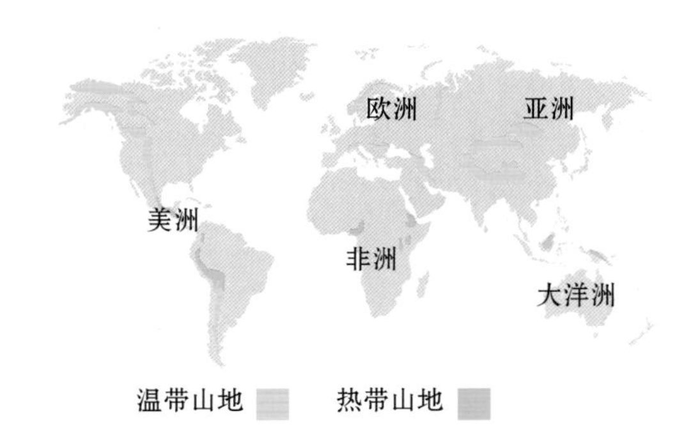

高度及纬度

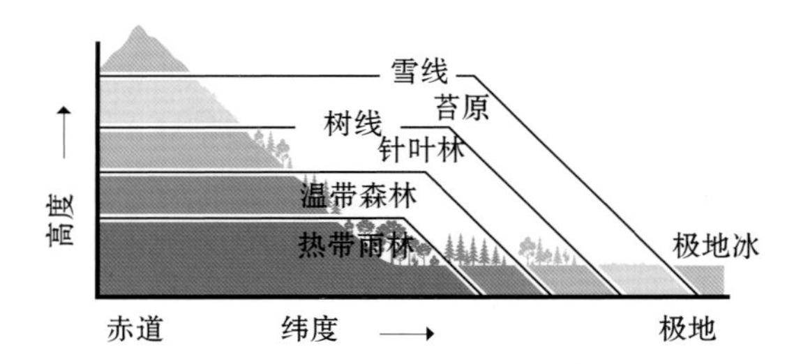

山地中的生物与陆地生物区中的生物相似，但在较小的垂直区域中生长。一座山脉的山坡上，分布着各种各样的环境。从山麓到山峰处，形成了不同的生物区。比如，地势低的区域，植被与热带雨林及温带雨林相似；山峰处，环境与针叶林和苔原相似。

高地居民
安第斯神鹰，借助于上升的暖气流，在山峰上空滑翔，而不耗费一丝能量。

山地中的生物

对于动物而言，山地生活存在风险。地势增高，空气含氧量减少，食物也愈加匮乏。寒冷使得许多动物放缓活动节奏或开始冬眠。一些哺乳动物会将食物储存到地洞中，以便度过冬季或在山峰处生存。随着季节变化，鸟类则根据条件垂直移动，找寻更适合生活的地方。

普通翠鸟
（*Alcedo atthis*）
普通翠鸟以小鱼为食，栖居于树木或灌木丛的低矮枝丫处。习惯将猎物整个吞咽。此外，也可在水面上滑翔，以寻找合适的潜水地点。

雪豹
（*Uncia uncia*）
雪豹是喜马拉雅山特有的物种，栖居在高达6000米的山脉上。

食物链
植物吸引了各种各样的昆虫和蜘蛛。鸟类则借此机会捕食昆虫和蜘蛛。

高地紫喉宝石蜂鸟
紫喉宝石蜂鸟通常栖居在海拔800~2500 米的山林里。

解冻
气候变化导致冰川消退和两极融化。

特别的四肢
雪豹的四肢长满毛发，脚掌上有肉垫，减缓了跳跃速度。

喜马拉雅山脉
这座巨大的山脉穿过亚洲，形成了一个超过2400 千米的圆弧。世界最高峰珠穆朗玛峰正是位于此地，其海拔约为8844.43 米。

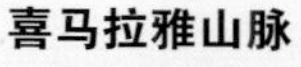

牦牛
（*Bos grunniens*）
牦牛属于有蹄动物，可爬升到高地，高至海拔6000 米处。

热带山地

与其他山地相比，热带山地地区植被分布海拔高度更高。东部大猩猩和黑白疣猴是非洲热带山地生物的典型代表。赤道地区，直至海拔 4000 米高处都有树木。由于海拔高，空气稀薄，这些地区太阳辐射强，夜晚寒冷。

游隼
（*Falco peregrinus*）

游隼是一种比较大的隼，背部为蓝灰色，腹部为米白色，带灰斑。飞行速度很快，直线速度可达100 千米/时，但俯冲速度可达300 千米/时，因此被称为世界上速度最快的动物。

小羊驼
（*Vicugna vicugna*）

高地生存条件艰苦，许多动物不得不适应低氧环境。比如，小羊驼的血液中携带的红细胞是其他动物的3 倍，正因如此，其可以更好地利用稀薄的氧气。

极地地区

北极、苔原及南极是地球上最寒冷的地区。但令人惊讶的是，北冰洋及南极洲冰冷水域却拥有大量动物物种，尤其是海鱼及海洋性哺乳动物。在苔原地区，夏季地衣生长，形成了极其复杂的食物链。

地理位置

苔原、北极位于地球北端，南极位于地球南端，以极圈为界。

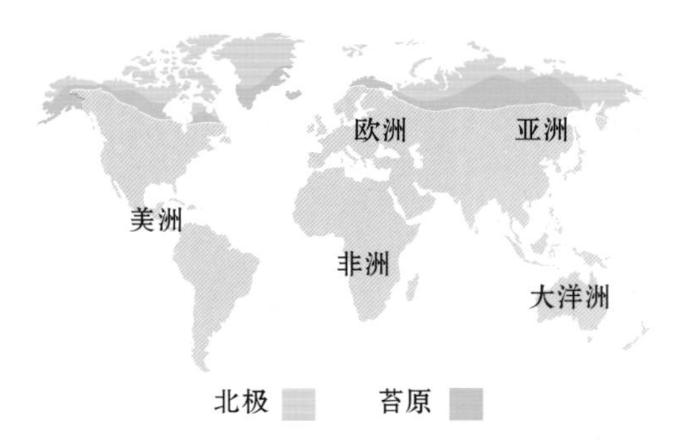

气候

寒冷季节，最低气温约为零下30摄氏度，寒风凛凛，感觉更冷。

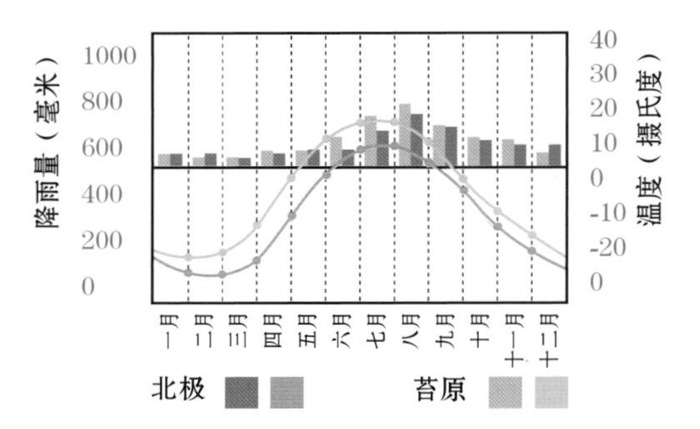

极地地区的生物

低温导致动物新陈代谢减慢。但是在北极和南极洲，各种生物已适应了此类艰苦环境，尤其是寒风。不同物种借助其厚厚的皮毛和丰富的皮下脂肪，抵御着严寒。海洋哺乳动物拥有一种特殊的循环系统，可以减少热量流失。

麝牛

麝牛栖居于苔原地区，冬季用蹄子刨冰取食。全身长满了毛发。属于群居动物，大的牛群由100头麝牛组成。

北极

北极及其周围的大片苔原地区，全年大部分时间均被一层厚厚的冰覆盖着。一些耐低温的动物全年都栖居于此，如北极熊，它靠猎取浮出水面呼吸空气的海豹为生。其他物种则向苔原及针叶林地区迁徙，以草为食。夏季来临时，陆地和水中的生物都开始增多。海洋浮游生物吸引着虾、海豹和虎鲸等大量物种，维持着水生食物链。

夏草

苔原土壤为麝牛和美洲驯鹿等草食动物提供了适合其食用的草。

白鲸

（*Delphinapterus leucas*）

白鲸组成小群体缓慢游动，以鱼、甲壳动物及其他无脊椎动物为食。繁殖季节，数十、数百或数千只白鲸汇聚在浅海区，繁殖后代。

冷水域海豹
冠海豹（*Cystophora cristata*）栖居于北大西洋冷水域。

石油泄漏
石油泄漏毒害了动物并污染了栖息环境。对企鹅来说，破坏了其羽毛的防水性。

覆盖物
北极狐，与许多其他极地地区的哺乳动物一样，长满了浓密的毛发，又长又细，像棉衣一样帮助其抵御寒冷。

南极洲
南极洲被一层厚度可达4000米的冰覆盖着，其表面几乎没有动植物存在。相反，南极洲附近的海洋却富含生物，小到磷虾（众多生物的主要食物），大到鲸都有。夏季，一些海岸区，长满海藻和地衣；南极半岛地区还生长着陆生植物。

雪鸮
（*Nyctea scandiaca*）

驯鹿
（*Rangifer tarandus*）

白大角羊
（*Ovis dalli*）

北极狐
（*Alopex lagopus*）

北极熊
（*Ursus maritimus*）

北极兔
（*Lepus arcticus*）
毛发为白色，可保护其免被捕食者发现。寒冷季节，依靠其敏锐的嗅觉，挖掘雪下的植物为食。

海象
（*Odobenus rosmarus*）

虎鲸
（*Orcinus orca*）

抹香鲸
（*Physeter catodon*）

一角鲸
（*Monodon monoceros*）
牙齿特殊，如同感受器一般，可探测到鱼类和软体动物，也可确定水温、水压及化学成分。

苔原和北极

苔原地区全年大部分时间都结冰。当气温回升时，变为湿润的草原，适合草食动物栖居。北冰洋水域富含养分和氧气。因此，动物物种丰富。

皇帝企鹅
（*Aptenodytes forsteri*）

皇帝企鹅是体形最大的企鹅，耐低温，潜水深度可达500米。雌性和雄性企鹅共同觅食，照顾幼崽，使其免受海燕等天敌的侵扰。

南方巨鹱
（*Macronectes giganteus*）

在南半球夏季，巨鹱栖居于南极洲及其附近岛屿，并在此筑建数百个巢穴。

海洋生物区

水域占据了地球的大部分面积，影响或决定了环境因素。从池塘到海洋，水域的呈现方式各异，包括湖泊、池塘、湍急河道、淡水和咸水域。水对水生动物的生活有重大影响，是其繁衍及吸取营养的重要场所。

地理位置

大海和大洋占据了地球的大部分面积。河流位于陆地表面。以上两种水生环境均与水文循环有关。

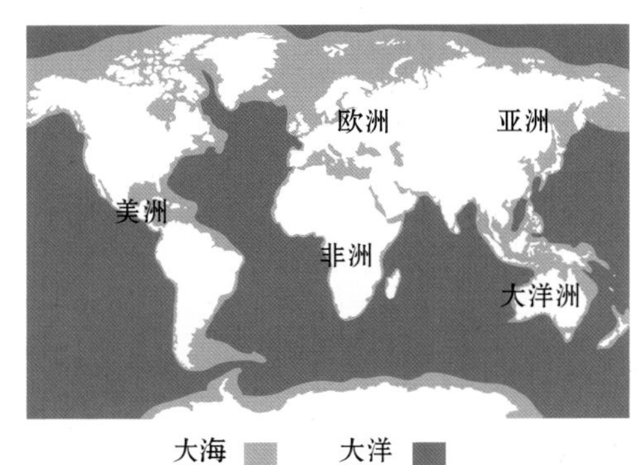

大海 大洋

珊瑚礁

海洋温暖区域生长着水下珊瑚“森林”，形成了珊瑚礁，1/3 的海洋物种栖居于此。珊瑚礁富含微型刺胞动物产生的碳酸钙。在碳酸钙基础上，生成了石灰岩或石灰石，累积构成珊瑚礁。地球上，珊瑚礁占地面积为60万平方千米，其中分为三类：海岸珊瑚礁，位于浅水域；堡礁，通过浅海潟湖与海岸分离；环礁，呈环状分布，中间有封闭的深海潟湖。大部分珊瑚礁位于红海至太平洋中部区域。

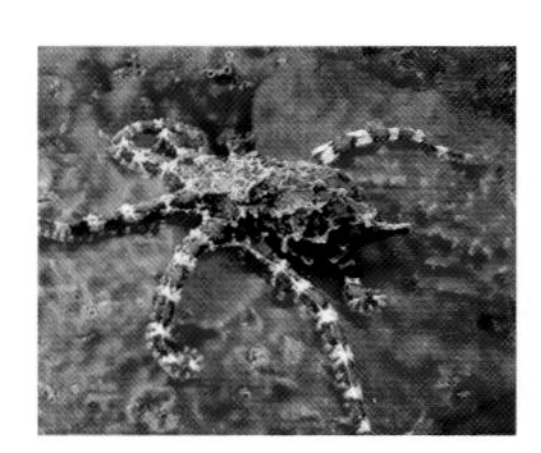

环蛸
（*Hapalochlaena maculosa*）
环蛸非常小，只有20厘米，它体内的毒素足以致人瘫痪或死亡。当它感受到危险时，身上的蓝圈发亮，发出预警信号。

魔鬼蓑鲉
（*Pterois volitans*）
魔鬼蓑鲉是一种凶猛的肉食动物，拥有长长的胸鳍棘，可以释放毒素，以此攻击猎物。主要猎物有虾、螃蟹和鱼。

大洋

大洋占地球面积超过70%。此类环境中，动物发生了多次大灭绝。受离海岸距离远近、深浅、光照、盐分、气温和大洋底部不规则性等因素影响，形成了多样化的大洋环境。上述因素决定了动物在不同地方会采取不同的生存策略。

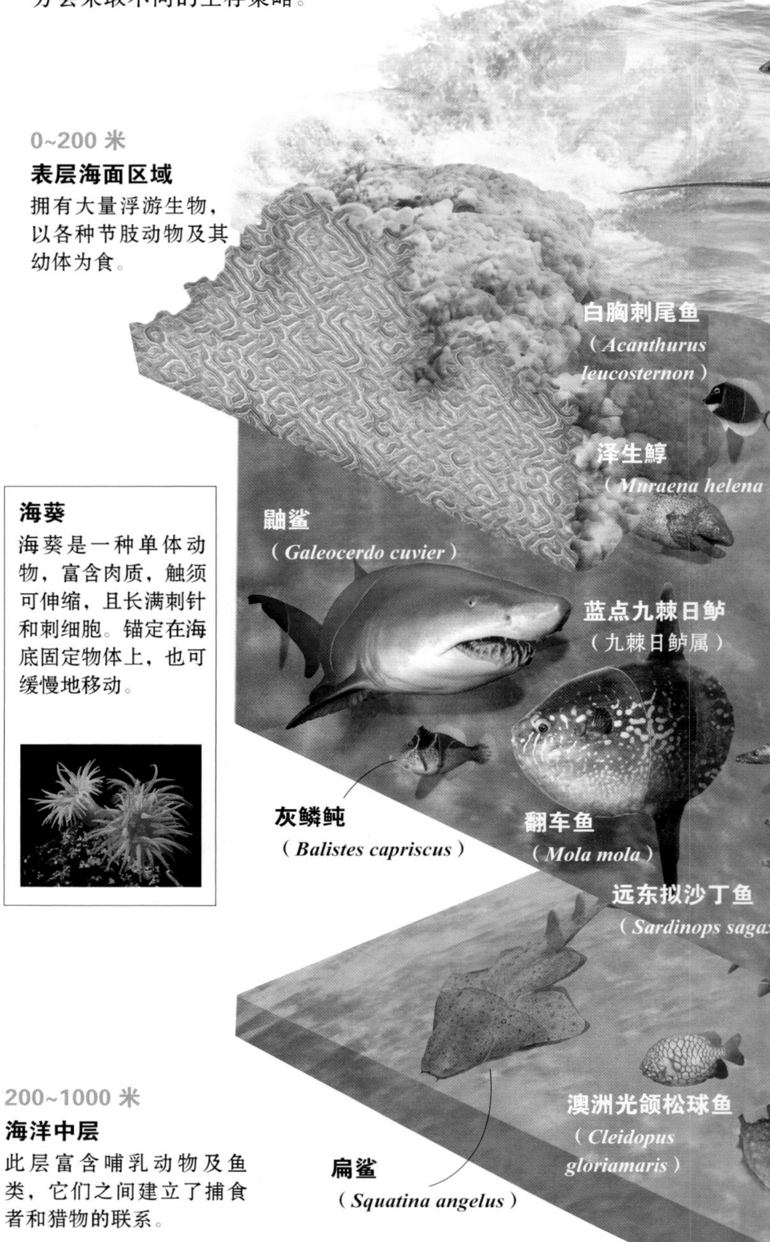

0~200 米
表层海面区域
拥有大量浮游生物，以各种节肢动物及其幼体为食。

海葵
海葵是一种单体动物，富含肉质，触须可伸缩，且长满刺针和刺细胞。锚定在海底固定物体上，也可缓慢地移动。

200~1000 米
海洋中层
此层富含哺乳动物及鱼类，它们之间建立了捕食者和猎物的联系。

极地鸟

燕鸥（燕鸥属）是北极和南极动物的典型代表。

过度捕捞

被捕捞的鱼量大大超过了可恢复量，其结果是缩减了鱼类数量。

飞鱼（飞鱼科）

剑旗鱼（*Xiphias gladius*）

细管口鱼（*Aulostomus strigosus*）

小丑鱼（双锯鱼属）

无沟双髻鲨（*Sphyrna mokarran*）

刺盖鱼（刺盖鱼属）

双吻前口蝠鲼（*Manta birostris*）

赤鲷（*Pagrus pargus*）

大鳞魣（*Sphyraena barracuda*）

大西洋鳕（*Gadus morhua*）

鲯鳅（*Coryphaena hippurus*）

北方蓝鳍金枪鱼（*Thunnus thynnus*）

鳗鲡（鳗鲡属）

鲼（鲼科）

鳐（鳐目）

沿海海域

潮线，即将海洋环境与海岸分离的海岸线。此处，既有陆地也有海洋，物种丰富。针对这种不断变化的环境，生物需具备一定的适应性：一些动物锚定在岩石上，以免被海潮卷走；螃蟹等其他动物则栖居在岩石池中，以避免脱水。还有一些动物，如双壳类动物，则栖居在沙上。

红蟹（*Procambarus clarkii*）

盐分调节

大海中，海水的盐分约占35‰，此外，根据气温、蒸发、降水量和深度的不同还会发生变化。盐度影响着水的冰点。水生环境中，盐度是机体的影响因素之一，只有适当调节盐分之后，生物方可在咸水水域生存。

进水口

出水口

通过鱼鳃排出盐分

咸水鱼

咸水鱼进食时，摄取了过量盐分。这使得它们需要通过不同途径，如鱼鳃及尿液排出过量的盐分。

1000~4000 米

深海区

光线无法照射到的深海区。许多鱼类通过化学反应，产生光，以引诱猎物。

深度超过4000 米

远洋深海带

此处栖居着海绵、海星以及凶猛的龙虾。此外，也有一些鱼类在此产卵。

全黑

深海鱼适应无光的环境，借助其光球层，生成光线，以作诱饵。它的头笨重，牙齿尖利。

六鳃鲨（六鳃鲨属）

海蛇（海蛇科）

蝴蝶鱼（蝴蝶鱼科）

银鲛（短鼻银鲛科）

鞭须裸巨口鱼（*Grammatostomias flagellibarba*）

鞍带石斑鱼（*Epinephelus lanceolatus*）

短头深海狗母鱼（*Bathypterois grallator*）

角高体金眼鲷（*Anoplogaster cornuta*）

鞭冠鮟鱇科（鞭冠鮟鱇属）

囊鳃鳗（囊咽鱼属）

杯吸盘鱼（*Sicyases sanguineus*）

淡水区

淡水环境接收淡水水流，并将其输送到大气和大洋中，这样便构成了水自然循环的一部分。栖居在水池、池塘、沼泽、湖泊、潟湖及河流中的动物须具备相应特征，以避免盐分流失过量。此外，两栖动物为了觅食和繁衍后代，也离不开水。

地理位置

世界上主要的河流及湖泊分布于不同的大陆。这些环境中的水源于雨水和冰雪融化等。

淡水

地球表面1/5的地区被淡水覆盖，其典型特征为水中盐度低于1%。既有静态水，也有活水。河流输送雨水和冰雪融化水，受重力影响，它们在岩石表面流过，并冲刷着岩石，形成了自然景观。河流上游，生物稀少，但河流中游及入海口处却有大量生物。与静态的湖泊及潟湖不同的是，河流是动态的，水分蒸发，生成沉积物，适于涉禽类、水生哺乳动物、两栖动物、爬行动物及大量各种各样的节肢动物生存。

南方鳄鱼

巴拉圭凯门鳄栖居于亚马孙河、巴拉那河及巴拉圭河附近的沼泽中。位于河流中游的广阔区域，以丰富的鱼类及软体动物为食。

鹭

涉禽类动物在静水环境中筑巢，并以鱼类为食。它们的爪子很长，可以踩在泥上，捕捉水里的鱼，而不会弄湿自己。

湖泊及潟湖

湖泊及潟湖里的水是静态且停滞的，富含沉积物。冰川时期，由于地质板块运动及火山爆发，形成了此类环境。湖泊及潟湖的“静止性”使其成为稳定的环境，且为动物提供了大量食物。

共生

贝加尔湖海绵与单细胞海藻一同生成了“森林”。通过这种共生关系，海绵获得食物。此外，这些多孔生物处栖居着大量小型浮游生物。

贝加尔湖海绵

（*Lubomirskia baicalensis*）

水处理

贝加尔湖水域氧气浓度升高。该水域，一种长度约为2毫米的浮游生物能过滤水中的藻类和细菌，对水的净化产生了积极作用。

底栖生物

碎石和砾石组成的岩石底部，栖居着大量的无脊椎动物，其中典型代表有端足目动物、多毛类蠕虫、软体动物及水生昆虫幼虫。

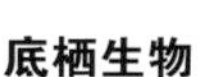

淡水硅藻

湖泊水域中，富含浮游植物的硅藻会产生大量氧气。

鬃狼

鬃狼（*Chrysocyon brachyurus*）栖居于南美洲湿润的草原上。

污染

纸浆生产过程中使用的水流入河流，对该区域的生态环境造成了污染。

耐力

贝加尔湖海豹可潜水1小时之久，它已适应了贝加尔湖水的高氧浓度。

贝加尔湖

四周山脉环绕，山体高度达1800米，被混合针叶林覆盖。此处，80%的生物为贝加尔湖特有物种，大部分为鱼类，如贝尔加白鲑。

河流

河流水源于降水以及地势更高区域的冰雪融化水、地下水，并流入大海、湖泊及潟湖中。河流流域可分为三部分：上游、中游及下游。地势高的流域，水流速度快，随后，持续递减，直至到达下游入海口。动物大多栖居于河流下游，因为此处富含食物，且水流缓慢。

黄金河虎

（*Salminus maxillosus*）

黄金河虎是生长在南美洲河流（如巴拉那河）中的一种凶猛的捕食动物。栖居于流量大的河流中。它身上的肌肉，赋予其强大的猎食能力。以其他鱼类为食，如大海鲢、鳊鱼和鲇鱼。逆流迁徙，以繁殖后代，并在河流源头产卵。

美洲水鼬

（*Neovison vison*）

美洲水鼬以栖居于河流附近的鱼类、哺乳动物及鸟类为食。捕鱼时，它会选择行动慢的鱼类，如鲫鱼，而不选择动作敏捷的三文鱼。

图书在版编目（CIP）数据

奇妙的动物界 / 西班牙 Editorial Sol90, S. L. 著；陈家凤译 . — 太原：山西人民出版社，2019.6（2021.9 重印）
（国家地理动物百科）
ISBN 978-7-203-10727-9
Ⅰ . ①奇… Ⅱ . ①西… ② E… ③陈… Ⅲ . ①动物—普及读物 Ⅳ . ① Q95-49
中国版本图书馆 CIP 数据核字 (2019) 第 020783 号

著作权合同登记图字：04-2019-002

奇妙的动物界

著　　者：西班牙 Editorial Sol90, S. L.
译　　者：陈家凤
责任编辑：崔人杰
复　　审：贺权
终　　审：秦继华
装帧设计：八牛 · 设计

出 版 者：山西出版传媒集团 · 山西人民出版社
地　　址：太原市建设南路 21 号
邮　　编：030012
发行营销：0351-4922220　4955996　4956039　4922127（传真）
天猫官网：http://sxrmcbs.tmall.com　电话：0351-4922159
E-mail：sxskcb@163.com 发行部
　　　　sxskcb@126.com 总编室
网　　址：www.sxskcb.com

经 销 者：山西出版传媒集团 · 山西人民出版社
承 印 厂：雅迪云印（天津）科技有限公司

开　　本：889mm×1194mm　1/16
印　　张：4.5
字　　数：180 千字
版　　次：2019 年 6 月　第 1 版
印　　次：2021 年 9 月　第 2 次印刷
书　　号：ISBN 978-7-203-10727-9
定　　价：58.00 元